從吠叫、飲食習慣、散步到管教，隨心所欲養出快樂毛小孩！
狗狗行為學全解析，輕鬆讀懂狗狗的心情和行為

超萌圖解 狗老大教養手冊

マンガ動物行動学
犬の気持ちとしぐさがよくわかる！

茂木千恵 監修
HIGUCHI NICHIHO 繪者
林以庭 譯

前言

據說狗狗的平均壽命是14歲，而日本人的平均壽命為84歲。也就是說，狗狗的一生，從時間上看，大約是人類一生的六分之一。

聽到這裡，你可能會重新意識到與愛犬度過的時光有多麼珍貴，希望能和愛犬盡可能共度更多快樂的時光。

那麼，對狗狗來說，什麼是幸福呢？

就是能夠滿足本能需求，並且「像狗一樣」行動。

飼主聽到這個，往往會覺得必須做一點特別的事情，但其實不然。被飼主稱讚、吃飽睡好、享受散步……這些反覆的日常生活就是狗狗的幸福來源。

因此，飼主需要充分理解狗狗的需求和行為，並為牠們準備適合的環境和日常作息。如果把狗狗視為與人類具有相同生態和習性的動物，可能會導致不適當的生活方式，進而引發讓

人傷腦筋的問題行為。

我的專業是動物行為學，這是一個透過研究動物的生態、習性和心理，尋找適合牠們的環境和生活方式的領域（詳情請見第7頁的漫畫）。

當狗狗出現問題行為時，我會根據動物行為學的證據來尋找解決方法。

在本書中，我整理了20個飼主實際遇到問題的案例，列舉出狗狗常見的問題行為，並從動物行為學的角度提供解決方案。有時候，只是一點點小改變，就能讓狗狗的每一天變得更快樂。

希望這本書可以作為參考，讓狗狗和飼主都能幸福生活。

動物行為專家、獸醫
茂木千惠

目次

第1章 吠叫或咬人困擾

第2章 飲食困擾

第3章 散步困擾

第4章 排泄困擾

第5章 管教困擾

第6章 焦慮和壓力困擾

※本書中提到的案例，主要是依據「@主婦之友」的讀者問卷調查中，飼主們提供的內容為基礎，為防止個人身分被識別而對細節進行了修改。

狗狗是我們身邊常見
的動物。

但如果觀察狗狗
的生活，會發現
牠們有很多奇特
的習性。
門鈴響時
會吠叫
大便前要
轉圈圈
叮咚
散步時要
做記號
互相聞屁股
喜歡咬
東西

想要了解牠們的習性和行為的原因，「動物行為學」是非常有幫助的。
「動物行為學」不僅研究動物的生態和習性，也研究動物的心靈與情緒，就像人類心理學一樣。
動物行為專家、獸醫
茂木千惠 醫師
動物行為學是什麼？
・從生態、習性、心理、遺傳、進化和社會性等多方面研究動物。
→根據這些證據，探究動物的行為舉止與人類不同的原因。
・除了貓、狗等寵物，以及牛、馬等家畜以外，鳥類、昆蟲、魚類等各種生物也都是研究對象。
狗狗研究的例子
狗狗的社會性
與飼主的羈絆
狗狗的行為和心理
動物心理學的研究這幾年備受關注。

近年來，將寵物視為家庭成員的觀念已成為主流。
讓寵物過著無憂無慮的生活是非常重要的。
當貓狗感到壓力或需求沒有被滿足時，
更容易出現問題行為。
因此，動物行為學中也有很多關於動物心情和壓力的研究。

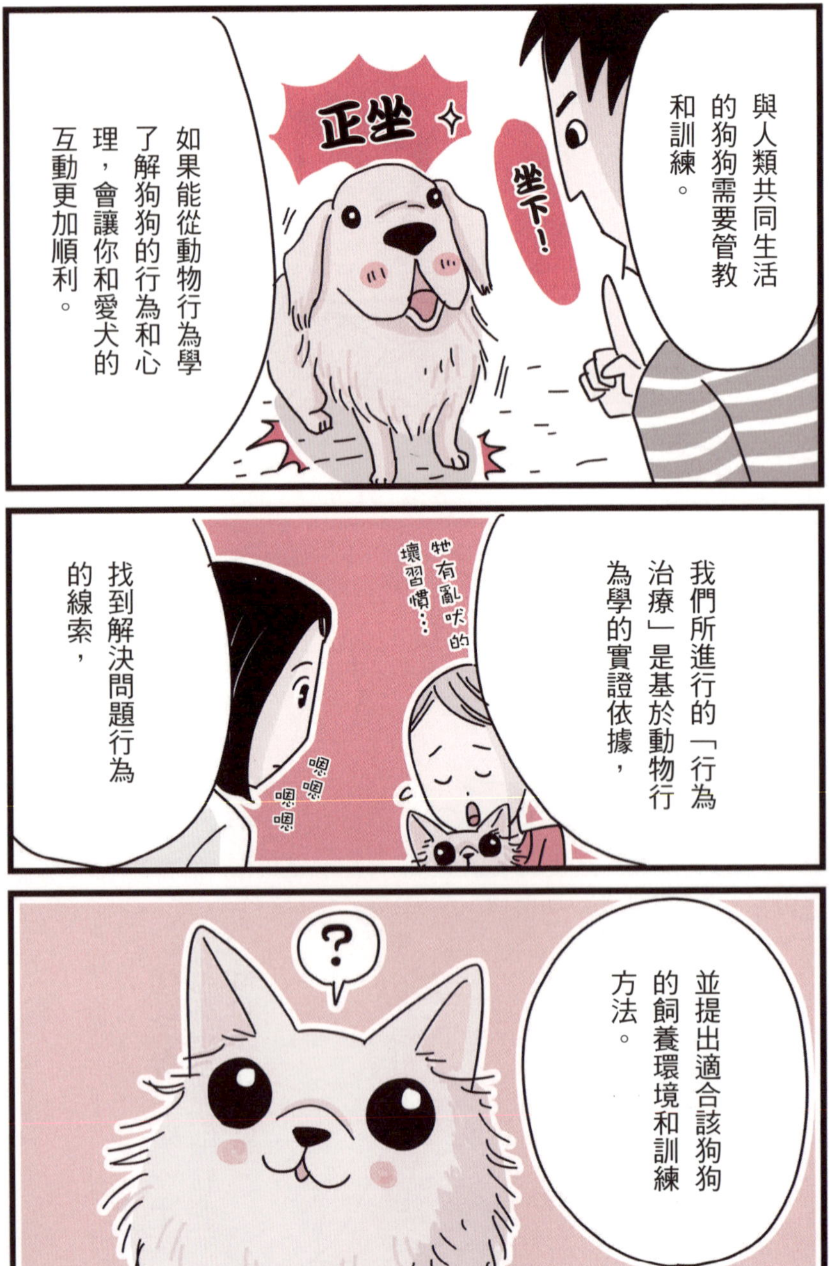
與人類共同生活的狗狗需要管教和訓練。
坐下！
正坐
如果能從動物行為學了解狗狗的行為和心理，會讓你和愛犬的互動更加順利。
我們所進行的「行為治療」是基於動物行為學的實證依據，
牠有亂吠的壞習慣…
嗯嗯嗯嗯
找到解決問題行為的線索，
並提出適合該狗狗的飼養環境和訓練方法。
？

所以，了解寵物生活的環境是很重要的。
我們也會進一步詢問飼主更多細節。
飼主詢問項目範例
【針對狗狗】
狗狗的年齡、性別、品種
收養狗狗的途徑
收養時狗狗的年齡
是否有做絕育
家庭成員的組成與年齡
居住環境
看家時間
散步次數及單次時間長度
管教和訓練經歷（若有行為問題）
問題行為從什麼時候開始的？
採取了什麼樣的措施？
…諸如此類

我們有時候也會實際到府上參觀狗狗的生活環境。
透過這樣的實地勘查，找出問題行為的原因。
在家中檢查的內容範例
房子整體的情況
房子的布局
（如果有）庭院或陽台的情況
房子周圍的環境
狗狗平時待的地方
廁所
吃飯的地方
圍欄、籠子或外出籠
食物和零食
玩具
（如果有）同住寵物的情況
…以及其他

一旦了解原因，我們會根據動物行為學，找出減輕狗狗壓力和滿足狗狗需求的方法。
在這種情況下…
原來如此!!
如果狗狗出現問題行為，我們會分析行為的觸發因素（刺激），並與飼主一起討論如何處理（見左頁）。
是什麼誘發狗狗吠叫？
如何避免重複出現問題行為？
目標是對於狗狗的行為做出適當的反應，讓狗狗做出期望中的行為。

飼主的反應會影響狗狗的行為

例如，有些飼主看到自己的狗狗對其他狗狗吠叫時，心裡會想：「沒辦法啊，我們家的狗狗就這種個性。」但其實，狗狗的行為在很大程度上會因為對方的反應或飼主的應對方式而改變。只要採取適當的應對措施，就能增加狗狗的期望行為，減少問題行為。

需要注意的是，有時候飼主覺得是為狗狗著想的舉動，反而會加重狗狗的問題行為。例如，當狗狗吠叫時，飼主覺得自己是在斥責牠說「不可以」，但狗狗會覺得自己得到「主人關注」這個「開心的結果」。或者，為了讓狗狗停止吠叫而給予零食，會讓狗狗誤以為「吠叫就會得到獎勵」……

因此，在問題行為的諮詢中，我們會詳細確認狗狗的行為、飼主的反應，以及狗狗對此反應的後續行為，從一連串的互動中尋找解決的線索。

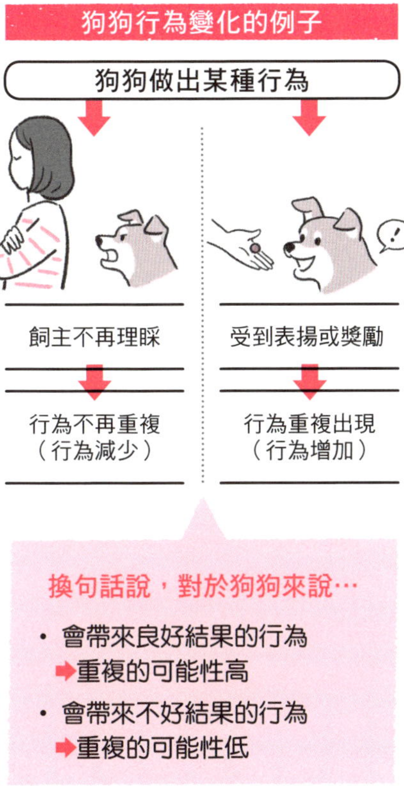
狗狗行為變化的例子
狗狗做出某種行為
飼主不再理睬
行為不再重複
（行為減少）
受到表揚或獎勵
行為重複出現
（行為增加）
換句話說，對於狗狗來說…
・會帶來良好結果的行為
➡重複的可能性高
・會帶來不好結果的行為
➡重複的可能性低

← 行為模式的詳細內容請見下一頁

了解基本知識更容易應對！狗狗的行為機制

狗狗會根據行為帶來的結果是好是壞（獎勵或懲罰），來決定是否重複該行為。基本上有下列4種模式，基於這些模式，飼主可以採用「操作制約」的方法來引導狗狗的行為朝往期望的方向。了解這些基本原理後，不僅能更容易理解狗狗的行為和情緒，還能運用到管教上。

此外，當狗狗出現問題行

模式 1
發生對狗狗來說的好事時
行為增加
服從指令
坐下
獲得獎勵
!
變得更願意服從指令
坐下
模式 2
對狗狗來說的好事消失
行為減少
用吠叫表達需求
被飼主拒絕（不理睬）
減少吠叫
…

如果是不期望的行為持續發生的模式4，
要盡量避免愛犬和其他狗狗碰見（刺激源頭），
或訓練愛犬在見到其他狗時不可以吠叫。→參見案例8（第88頁）

為時，首先要找出引發這些行為的觸發契機（刺激），然後再思考如何應對。

4種基本行為模式

	好事	不好的事
發生（出現）	模式❶ 做了就會有好事發生 ← 重複行為（正向增強）	模式❸ 做了就會有不好的事發生 ← 不重複行為（正向懲罰）
減少（消失）	模式❷ 做了就會讓好事消失 ← 不重複行為（負向懲罰）	模式❹ 做了就會讓不好的事消失 ← 重複行為（負向增強）

→❶～❹的具體例子請參照下方

雖然說是「懲罰」，但絕對不能使用體罰或辱罵！這樣會導致失去狗狗的信任和愛。對狗狗來說，飼主不再理會牠或中斷玩耍等讓牠感到失望的行為，已經足夠構成「懲罰」。

模式 3

發生對狗狗來說不好的事時

↓

行為減少

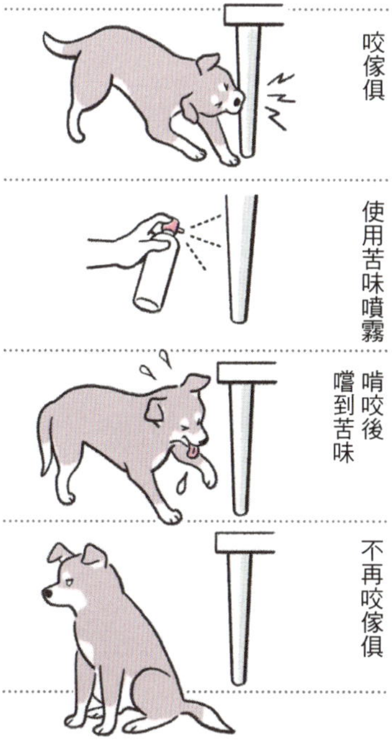
咬傢俱
使用苦味噴霧
啃咬後嚐到苦味
不再咬傢俱

模式 4

對狗狗來說不好的事消失了

↓

行為增加

看見其他狗狗就吠叫
對方離開
以為自己用吠叫成功將對方趕走
每次見到其他狗狗就吠叫

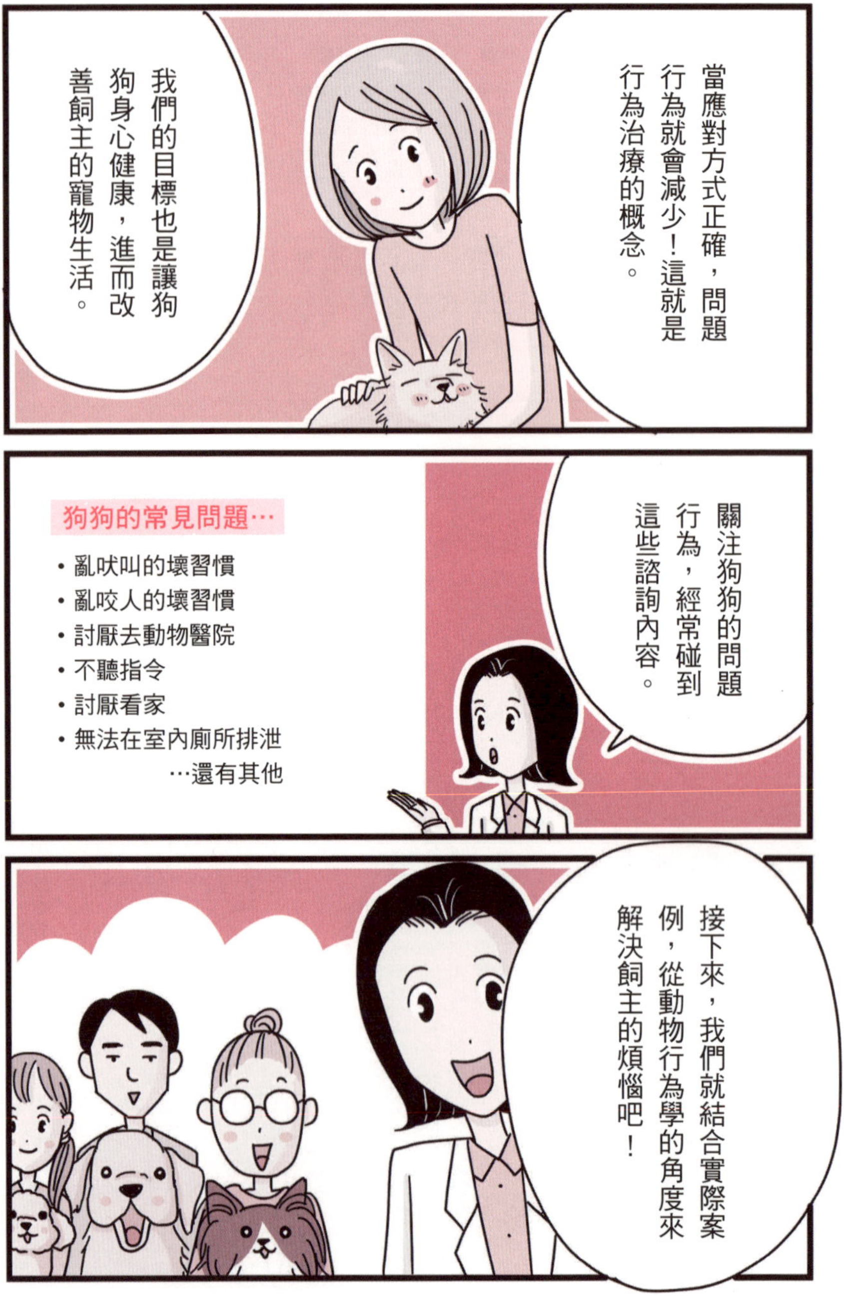
當應對方式正確，問題行為就會減少！這就是行為治療的概念。
我們的目標也是讓狗狗身心健康，進而改善飼主的寵物生活。
關注狗狗的問題行為，經常碰到這些諮詢內容。
狗狗的常見問題…
・亂吠叫的壞習慣
・亂咬人的壞習慣
・討厭去動物醫院
・不聽指令
・討厭看家
・無法在室內廁所排泄
…還有其他
接下來，我們就結合實際案例，從動物行為學的角度來解決飼主的煩惱吧！

第 1 章

吠叫或咬人困擾

狗狗的飼主最常遇到的困擾
就是狗狗的吠叫和咬人等攻擊行為。
即使看起來都是「吠叫」，其實背後有很多不同的原因。

case 1

聽到門鈴或手機的聲響就會吠叫

＼問題行為／

行為
當門鈴或手機響起就會一直吠叫

發生時期
從接回家到現在

我們家的愛犬是一隻名叫米克的博美犬
水汪汪
是一隻毛茸茸的可愛小狗。
不過，最近我們有個煩惱⋯
叮咚
米克總是朝對講機吠個不停。
汪
汪
汪

DATA

博美犬
母・1歲
（已絕育）

●同住家人：本人（27）、丈夫（29）
●同住動物：無
●過去病史：無
●居住環境：公寓（室內飼養）
●看家時間：因妻子在家工作，基本上不會單獨看家
●散步時間：早上20分鐘，傍晚15分鐘

除此之外，還有手機的來電鈴聲
汪
汪
汪
聽到走廊上有人走動的聲音也會吠叫。
汪
汪
在家工作的我只好到另一個房間接電話。
不好意思，家裡有點吵……
汪
汪
汪
有什麼對策嗎…？
?
哎呀——

博美犬本來就比較敏感，也容易吠叫。
雖然牠們長得可愛，但牠們的祖先曾經是雪橇犬和看門犬！
那這個問題沒辦法解決了嗎？
不不不，沒那回事。
首先，我們先思考一下牠吠叫的原因。
對門鈴或手機吠叫的主要原因
1 想引起飼主的注意
狗狗覺得門鈴或手機奪走了主人的注意力，想把注意力拉回自己身上。
2 對周圍環境的警戒
牠們覺得自己的領地受到威脅，所以警惕地吠叫。
主要是這兩個原因。
哦——

首先，確認狗狗是不是因為想要引起注意才吠叫。
你是不是對吠叫的狗狗做出反應了呢？
汪汪汪
安靜一點。
那對狗狗來說也是一種獎勵。
主人理我了
開心
這反而會讓牠更容易吠叫喔。
我們今天也一起玩吧♪
汪汪汪
想要改善這種情況
就要在狗狗吠叫時徹底無視牠！
徹底地。

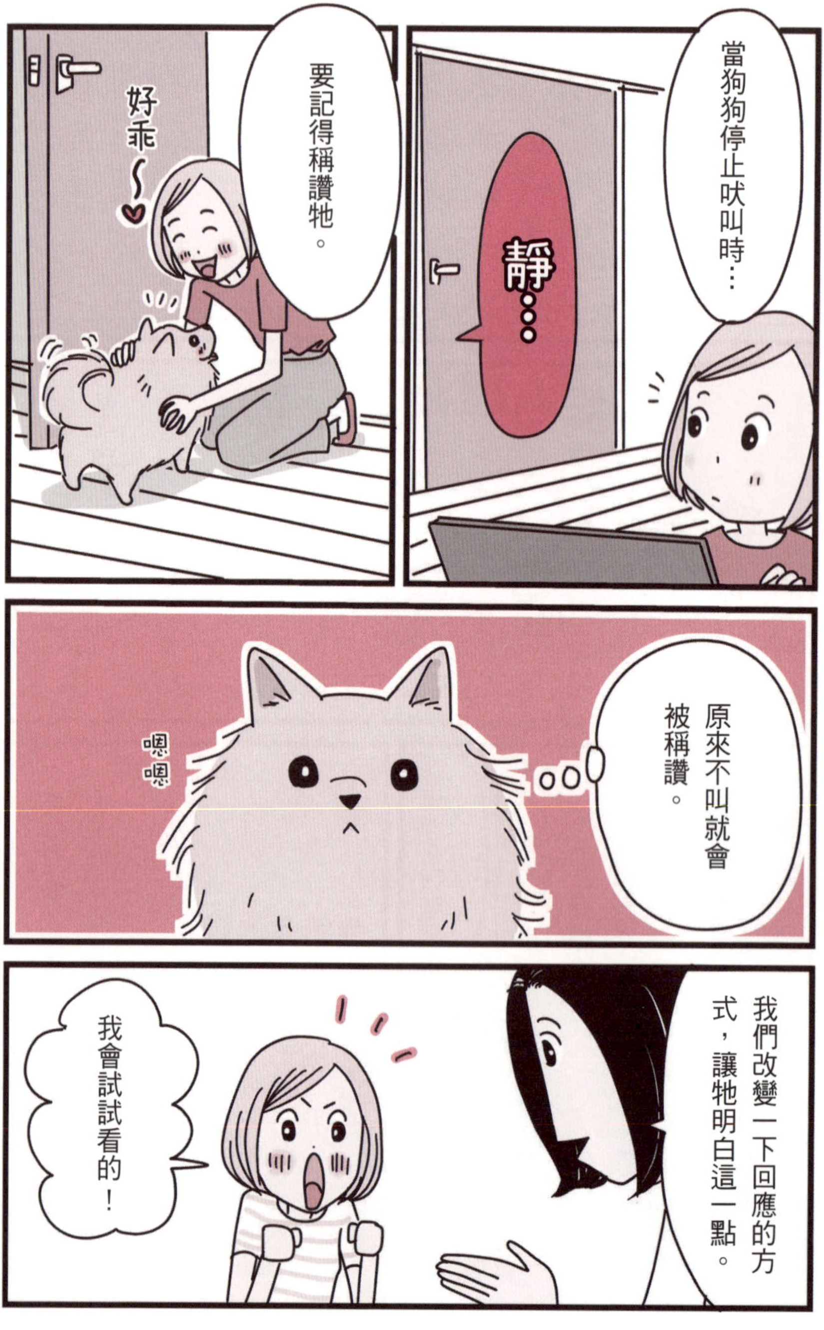

當狗狗停止吠叫時⋯
靜⋯
要記得稱讚牠。
好乖～
原來不叫就會被稱讚。
嗯嗯
我們改變一下回應的方式，讓牠明白這一點。
我會試試看的！

兩週後
之後情況有改善嗎？
呃…牠還是叫個不停…
汪
汪
汪
汪
牠平時是很可愛啦…
?
這樣的話，可能是另一個原因…「警戒」。
守衛
博美
由我來守護!!
這樣還有對策嗎…？
當然有！那就是不要給牠吠叫的機會。

將手機的來電鈴聲關掉。
靜音
叮咚
迅速
零食
或是門鈴一響，就給牠一點零食。
或者給牠可以長時間啃咬的潔牙骨，你就能趁這段時間去處理事情。
咬咬
咬咬
來了——
另外，要注意給零食的時機。
要在狗狗吠叫之前給牠。
不然牠會誤以為是因為吠叫才得到零食。
汪汪
迅速
汪
最晚也要在牠吠第二聲之前

每天練習是很重要的。
按門鈴的人
叮咚
給零食的人
給。
全家人能一起配合會更好。
用手機播放門鈴的聲音，讓牠們一邊聽鈴聲一邊吃零食，這樣的訓練也很有效哦。
這樣牠們會對門鈴聲有好的印象。
叮咚
一開始音量先小一點。
這需要一些時間，但不要操之過急哦。
好的！

將狗狗不喜歡的聲音轉變爲正面的印象

case 1

在給周圍的人添麻煩之前先採取對策 避免讓狗狗聽見刺激性的聲音

「門鈴或手機一響，狗狗就會吠叫。」

這個問題困擾了許多飼主。如果狗狗只是在聲音響起的瞬間吠叫，很快就停止不叫的話，那還不算太大的問題。但如果狗狗在飼主接待客人或講電話時一直吠叫，就會給對方和周圍的人添麻煩，所以需要採取應對措施。

最好的處理方法是，不要讓狗狗聽到門鈴或手機鈴聲等會引起牠們吠叫的聲音刺激。飼主可以嘗試以下對策，例如將手機鈴聲調小、改為震動模式，或是請來訪的客人和快遞員配合用電話聯繫，不要直接按門鈴。

同時，也要讓狗狗慢慢習慣這些聲音。對狗狗來說，現階段門鈴和手機的聲音是一種不愉快的刺激，所以我們

要透過訓練，讓狗狗練習用正面的刺激取代討厭的鈴聲。

讓狗狗對聲音產生正面印象的流程

1. 當門鈴響起時，在狗狗吠叫前給牠零食或玩具。
2. 每次門鈴響起時，就重複❶的步驟。
3. 狗狗對門鈴聲產生正面印象。
4. 不再吠叫。

POINT
給零食或玩具的時機是在狗狗吠叫之前。最晚也要在第二次吠叫之前！

用正面印象來覆蓋狗狗會產生負面反應的東西，這種訓練稱為「反制約」。

原本門鈴聲和手機聲都是不愉快的刺激，透過訓練可以逐漸與「好吃」、「開心」等正面情緒連結，變成「愉快」的刺激。因此，狗狗對這些聲音的印象就會有所轉變，「聲音＝需要警戒的東西→好事即將發生的訊號」，吠叫聲也會跟著減少。

理想情況下，最好是全家一起進行日常訓練，效果最好。

Next

case 1

對外界的動靜和聲音容易敏感的狗狗可以透過練習逐步適應與習慣

警覺性高的狗狗有可能會因為外面的動靜和聲響而吠叫。然而，這樣的吠叫聲經常造成左鄰右舍的困擾。

就像門鈴聲和手機鈴聲的情況一樣，首先要營造一個不會讓狗狗接觸到刺激性聲音或動靜的環境。比如關閉窗戶、使用隔音效果好的窗簾，或播放音樂等。如果是住在公寓，狗狗聽到走廊上有人走動的聲響就會吠叫的話，可以考慮讓牠待在離走廊較遠的房間裡。

如果狗狗對於外面的動靜和聲響特別敏感的話，可以採取左頁列出的措施。不要只採取一種措施，建議多管齊下，交替使用效果應該會更好。

處理吠叫問題是需要時間和耐心的，要每天持之以恆地訓練。如果效果不明顯，建議尋求專家（見第57頁）的

協助，專家會根據狗狗和家庭的情況提供適合的方法。

建議在問題
變得嚴重之前尋求
專家的幫助

減少狗狗對動靜和聲響吠叫的措施範例

例1 教導「安靜」的指令

在狗狗停止吠叫的瞬間，使用「安靜」或「不要叫」等指令，並在狗狗停止吠叫後給予獎勵。重複這個過程，讓狗狗學會「保持安靜會得到讚揚」。

例2 讓狗狗習慣引發吠叫的刺激

如果弄清了引起吠叫的聲響，就把它錄下來，從非常小的音量開始播放。當狗狗不吠叫時給予獎勵，並逐漸提高音量，直到狗狗習慣目標音量為止。這種逐步讓狗狗適應刺激的訓練稱為「系統減敏感法」（見第99頁），與反制約（見第27頁）一起練習，效果會更好。

例3 轉移狗狗的注意力

當狗狗準備要吠叫時，可以利用玩具轉移狗狗對聲音的注意力。

\ 問題行為 /

行為
玩到一半突然咬人的手

發生時期
從幼犬時期開始

case 2

狗狗玩得太興奮會咬人

與可愛梅爾的甜蜜時光♡
嬉戲
打鬧
咬一口
!!
哎呀～梅爾，不可以咬人哦！

DATA

玩具貴賓犬
母・3歲
（已絕育）

- 同住家人：本人（40）、丈夫（42）、公公（74）
- 同住動物：無
- 過去病史：1歲時曾患角膜炎
- 居住環境：獨棟住宅（室內飼養）
- 看家時間：平日約4小時
- 散步時間：早上20分鐘、傍晚30分鐘（包括公園的休息時間）

作為懲罰，今天不玩了！
扭頭
？
隔天
咬咬
咬咬
好痛……
咬人的壞習慣完全沒有改善……
哎呀，照妳這種做法肯定會這樣的呀。
？

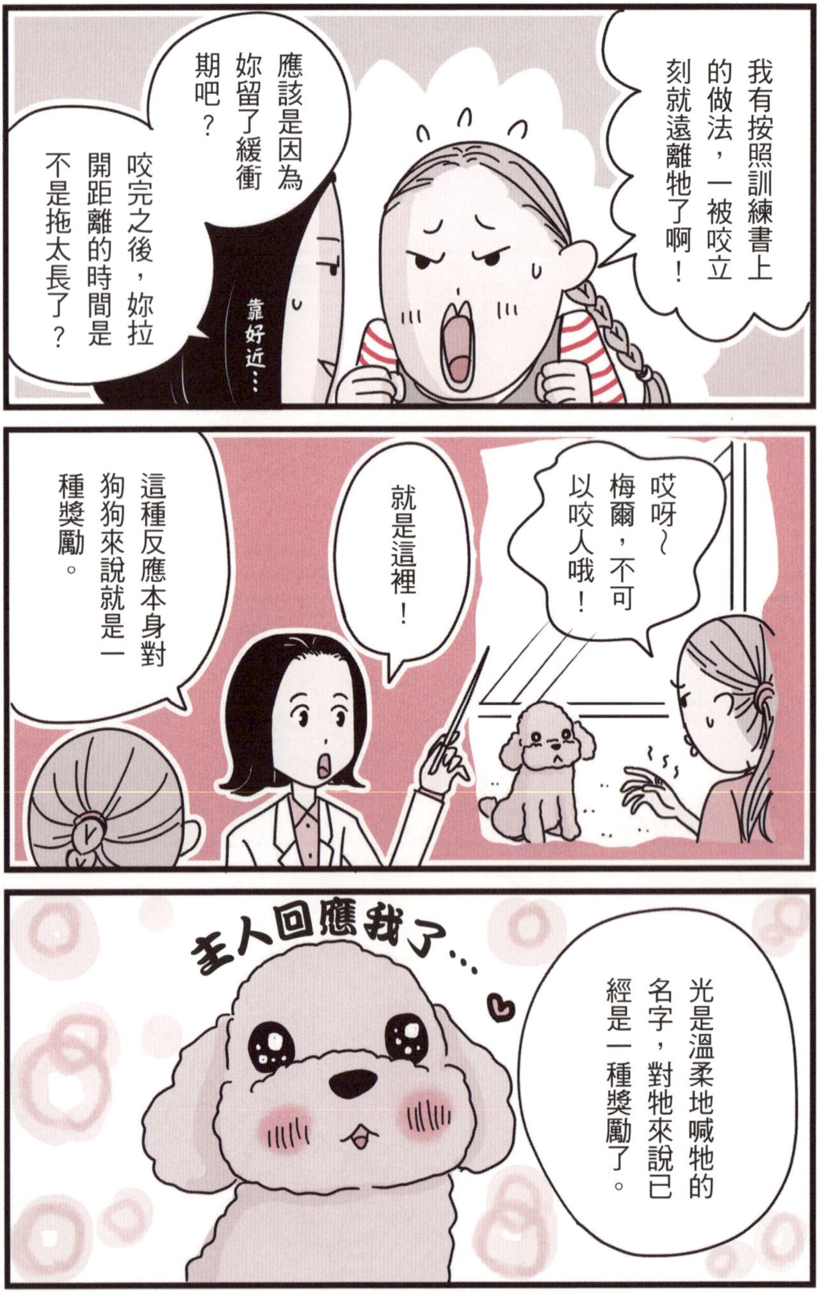
我有按照訓練書上的做法，一被咬立刻就遠離牠了啊！
應該是因為妳留了緩衝期吧？
咬完之後，妳拉開距離的時間是不是拖太長了？
靠好近…
哎呀～梅爾，不可以咬人哦！
就是這裡！
這種反應本身對狗狗來說就是一種獎勵。
光是溫柔地喊牠的名字，對牠來說已經是一種獎勵了。
主人回應我了…

應該要這麼做才對！
關鍵在於「讓狗狗容易理解」和「動作迅速」。
啊！
咬
1 發出「啊！」或「好痛！」等驚呼聲。
讓狗狗察覺到異常，當牠停止咬人時就稱讚牠。如果牠又試圖咬人的話，要在被咬到之前拉開距離。
2 停止玩遊戲，並立刻離開
轉身背對狗狗、移動到其他地方，消失在狗狗的視線中，這些方法都是有效的。

也可以模仿狗狗在嬉鬧時被對方咬到時會發出的驚嚇聲。
汪嗚
咬

發出聲音後就立刻中斷遊戲。
……
停住
咬人＝遊戲時間結束
驚
這麼做，狗狗會學到一咬人，遊戲時間就會結束。
別忘了給狗狗可以啃咬的玩具！
種類很豐富！
抗憂鬱玩具
潔牙骨
潔牙玩具
耐咬玩具
真的耶。
而最重要的是⋯
咬
咬
咬
哇～
好乖哦～
給牠可以啃咬的東西時，要記得誇獎牠！

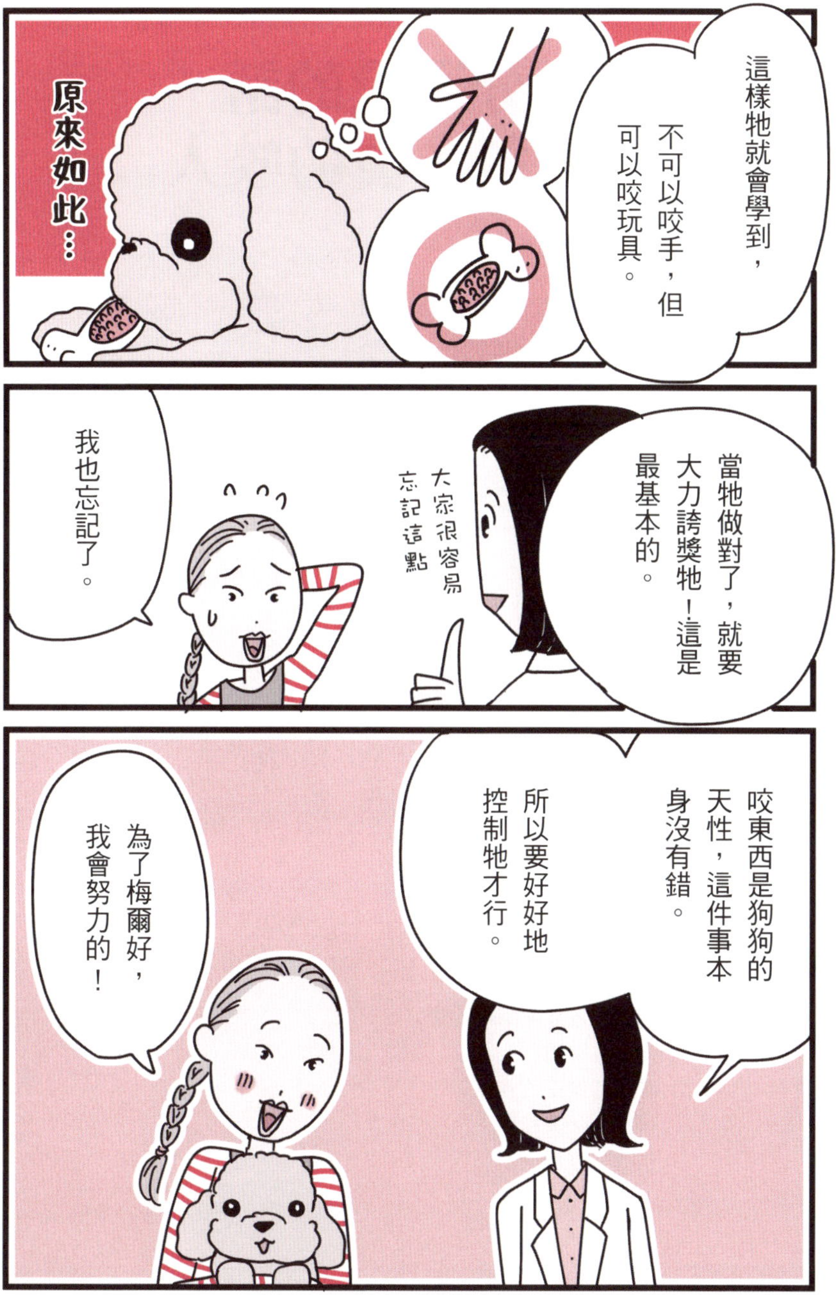
這樣牠就會學到，不可以咬手，但可以咬玩具。
原來如此…
當牠做對了，就要大力誇獎牠！這是最基本的。
大家很容易忘記這點
我也忘記了。
咬東西是狗狗的天性，這件事本身沒有錯。
所以要好好地控制牠才行。
為了梅爾好，我會努力的！

case 2

過分溺愛的話
有可能會眞的咬人

不要認為是可愛的行為，在情況惡化之前及早處理

狗狗或貓咪打鬧似的咬飼主的手或腳的行為，被稱作「輕咬」。我們往往不會太放在心上，但如果放任不管，可能會發展成真正的咬人，所以盡早的應對很重要。為了讓飼主們意識到這並不是可愛的行為，最近也出現了「玩咬」這個詞彙。

狗狗玩咬的可能原因如下：人們覺得在被狗狗咬之後說「不行這樣！」就是在訓練牠，但其實對狗狗來說，聲音和關注都是獎勵。因此，狗狗可能會養成用玩咬吸引飼主注意力的壞習慣。如果這種情況一再發生，應該遵循漫畫中（第33頁）的

狗狗會玩咬的主要原因

- ☑ 想滿足本能的啃咬欲望
- ☑ 向飼主撒嬌
- ☑ 想引起飼主的注意
- ☑ 換牙期牙齦痛癢

步驟，「被狗咬」→「發出驚呼聲」→「停止玩遊戲，並立刻離開」。

為了防止狗狗養成玩咬的習慣，把狗狗接回家裡的第一天起，就要教會牠「牙齒不能碰到人的皮膚」。幼犬時期有充足的時間和父母或兄弟姊妹玩耍的狗狗，會在嬉戲中學會「咬了會被包容的力道」和「不被允許的力道」。把狗狗接回家裡以後，也要讓牠持續學習相同的經驗。

即使狗狗很明顯不是故意咬人的，但牠的牙齒碰到人的皮膚時，還是要出聲制止牠的行為。當狗狗的牙齒離開後，就要立刻誇獎牠，讓牠知道「牙齒沒有碰到人就會被誇獎」。

case 2

給狗狗可以啃咬的玩具，不要讓牠玩手

有些飼主會揮動手逗弄狗狗。哪怕家裡只有一個人這麼做，都會讓狗狗誤以為「人的手是可以玩、可以咬的」。如果家人對狗狗的咬人行為反應不一致——有人包容玩咬，有人則因被咬而生氣——狗狗會感到很混亂，所以家人應該統一態度，阻止狗狗咬人。

同時，**給狗狗能啃咬的東西滿足牠的啃咬慾望。**想啃咬東西是狗狗的天性，阻止牠們咬東西反而會造成牠們的壓力。建議挑選強韌的乳膠玩具或潔牙骨來讓狗狗啃咬。不過，第一次使用啃咬玩具時，飼主應該要多加留意，避免狗狗誤吞碎屑。

為了讓狗狗習慣咬玩具而不是咬人的手，當牠在玩啃咬玩具時，要多多稱讚牠。

當狗狗在遊戲中咬人時，立即停止遊戲作為懲罰

有些狗狗在玩拔河遊戲時，一亢奮就會咬人的手。和其他玩咬的情況一樣，當狗狗的牙齒碰到你就要大聲喊「啊！」並停止動作，中斷遊戲。**要讓狗狗學習到，一旦牙齒碰到人，遊戲就會結束。**

除了拔河遊戲外，還有其他能滿足狗狗運動需求的遊戲或運動。讓狗狗進行上述活動，不只可以讓狗狗轉換心情或充電，也能預防牠們玩咬。

滿足狗狗運動需求的遊戲範例

- ☑ 充足的散步時間
- ☑ 在寵物公園自由奔跑
- ☑ 玩追逐球或飛盤的遊戲
- ☑ 進行指令訓練

\\ 問題行為 //

行為
每天都會吠叫要求散步或食物

發生時期
大約2年前

case 3

一到散步或吃飯時間就會吠叫

汪
汪
汪
啊，都這個時間了。
汪
汪
汪
好好好，你等一下！

DATA

蝴蝶犬
公・3歲
（已絕育）

●同住家人：本人（29）
●同住動物：無
●過去病史：無
●居住環境：公寓（室內飼養）
●看家時間：因在家工作，基本上整天都有人
●散步時間：早上30分鐘，傍晚30分鐘

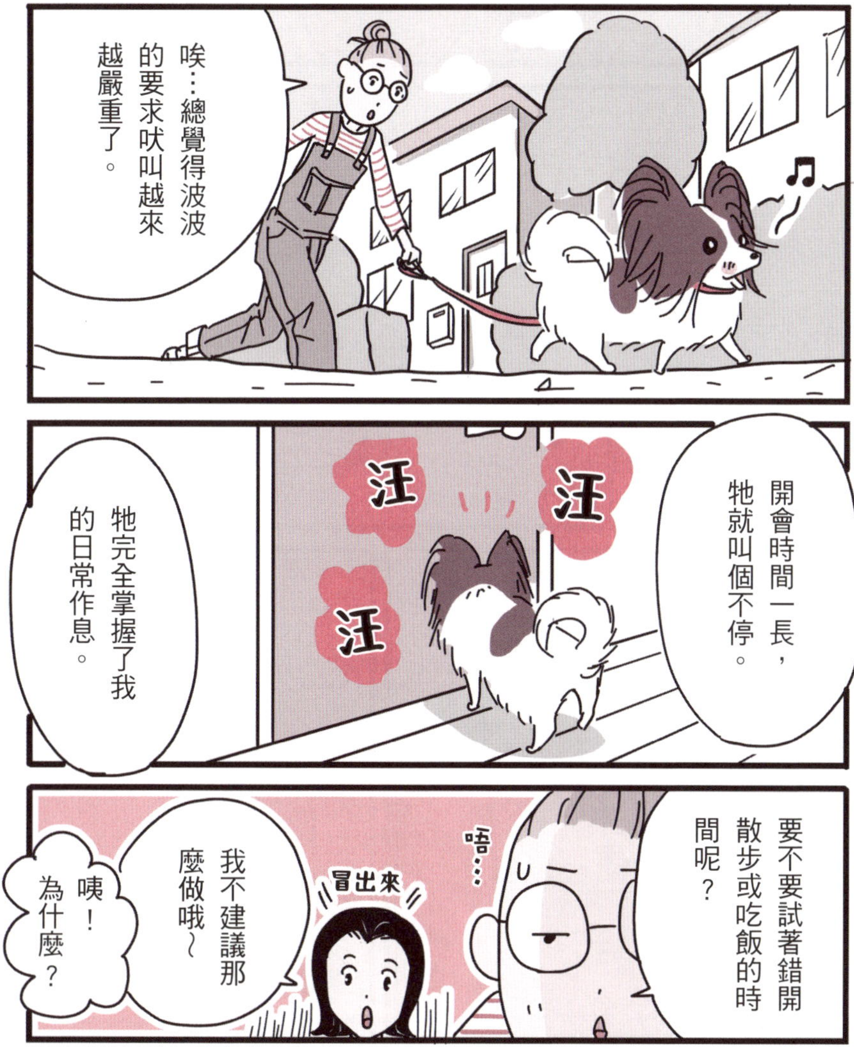
唉…總覺得波波的要求吠叫越來越嚴重了。
開會時間一長，牠就叫個不停。
汪
汪
汪
牠完全掌握了我的日常作息。
要不要試著錯開散步或吃飯的時間呢？
唔…
冒出來
我不建議那麼做哦～
咦！為什麼？

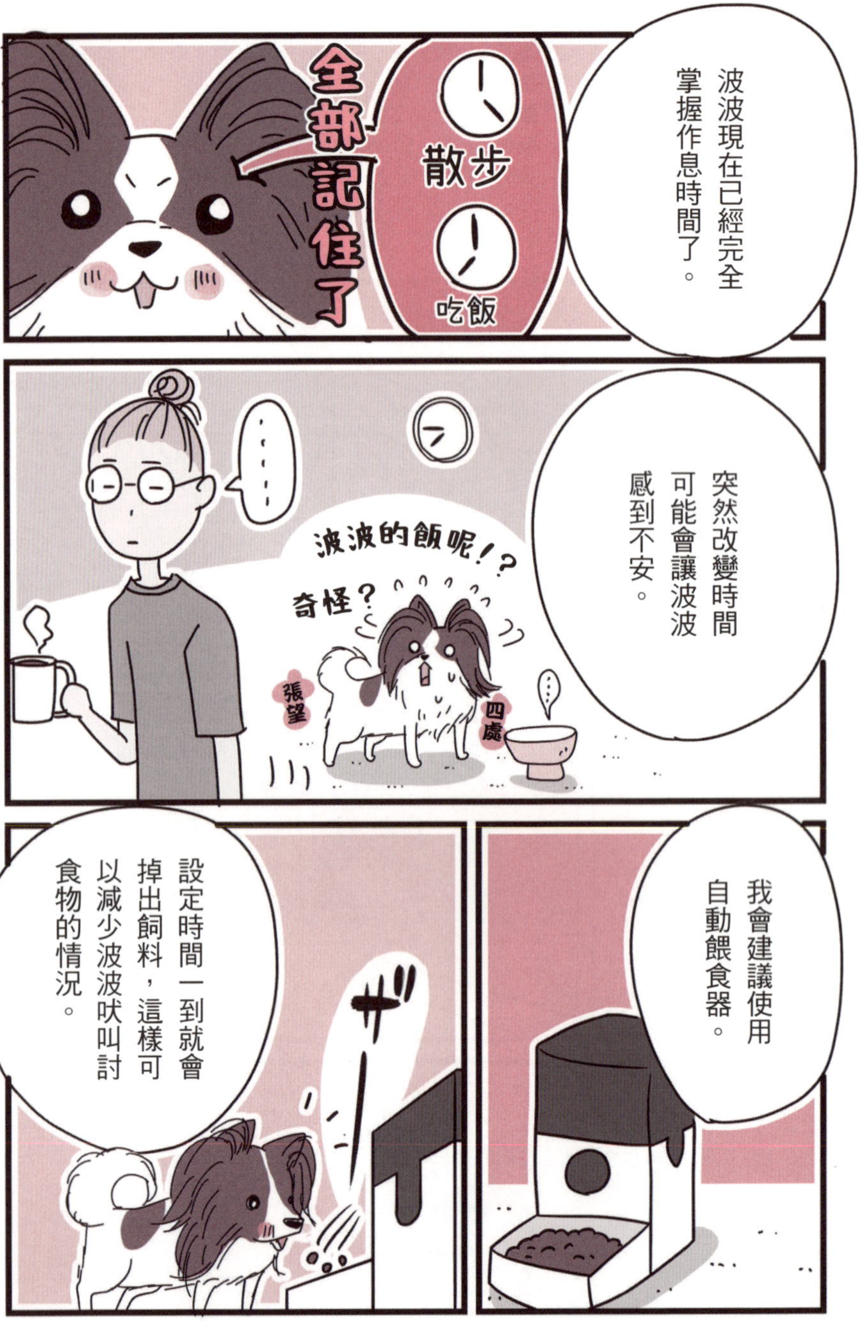
波波現在已經完全掌握作息時間了。
散步
吃飯
全部記住了
突然改變時間可能會讓波波感到不安。
……
波波的飯呢！？
奇怪？
張望
四處
我會建議使用自動餵食器。
設定時間一到就會掉出飼料，這樣可以減少波波吠叫討食物的情況。

飼主在家工作也有可能是造成要求吠叫的原因。
咦!真的嗎?
飼主明明在家卻不理牠,這種情況對牠來說是種壓力。
如果曾經在吠叫過後獲得關注的話,牠就會更容易吠叫。
波波在這裡——
汪
汪
最好可以制定規則,比如說一定會在某個固定時間互動。
午休互動時間

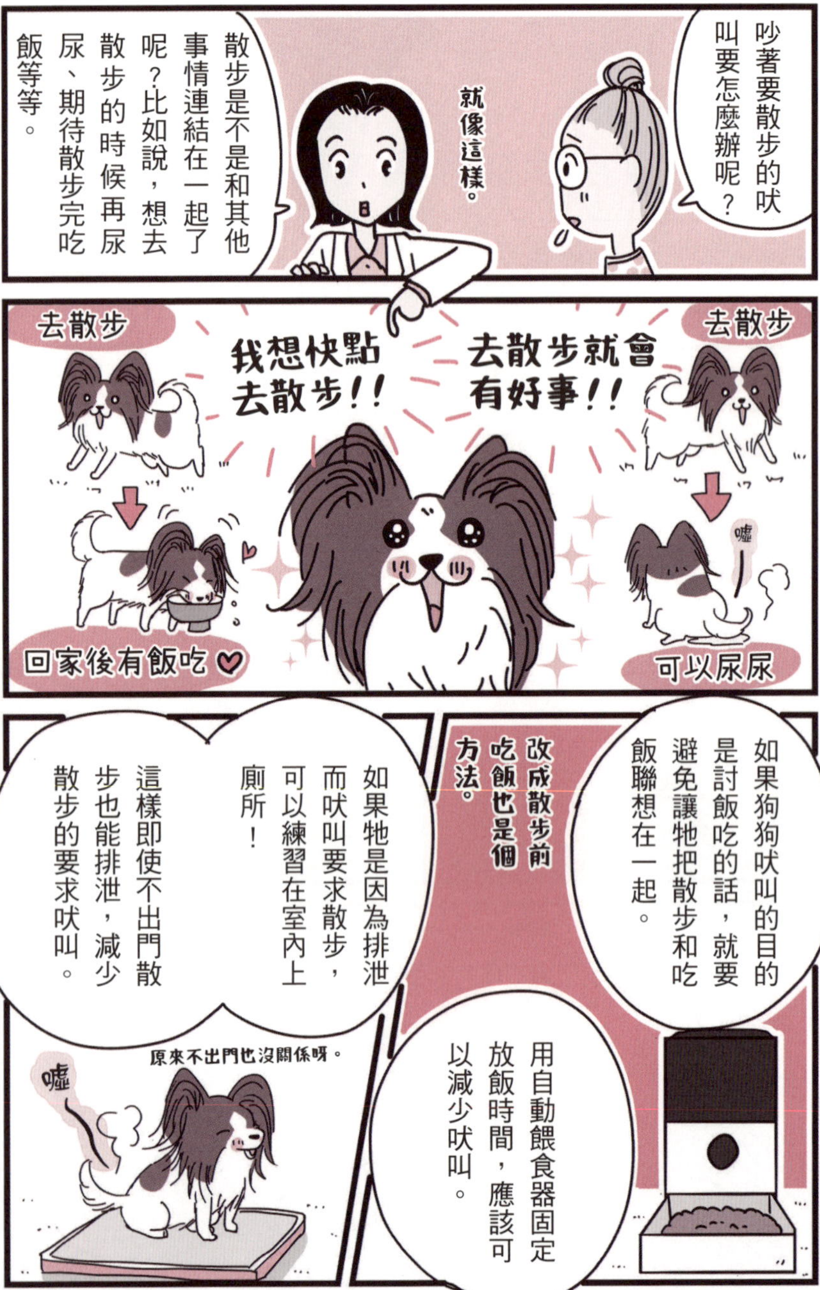
吵著要散步的吠叫要怎麼辦呢？
就像這樣。
散步是不是和其他事情連結在一起了呢？比如說，想去散步的時候再尿尿、期待散步完吃飯等等。
去散步
可以尿尿
去散步就會有好事！！
我想快點去散步！！
去散步
回家後有飯吃♥
如果狗狗吠叫的目的是討飯吃的話，就要避免讓牠把散步和吃飯聯想在一起。
改成散步前吃飯也是個方法。
用自動餵食器固定放飯時間，應該可以減少吠叫。
如果牠是因為排泄而吠叫要求散步，可以練習在室內上廁所！
這樣即使不出門散步也能排泄，減少散步的要求吠叫。
原來不出門也沒關係呀。

需要注意的是飼主的反應。
當愛犬吠叫的時候，妳是否會對牠說話呢？
好了好了，別叫了。
汪汪
嘿嘿
這個反應……
為了讓狗狗明白不能亂吠叫，應該要擺出牠能理解的「拒絕」姿勢。
拒絕的姿勢
避開視線
交叉雙臂
汪汪
汪……？
被主人忽視，對狗狗來說是最大的打擊。
我一叫就不理我了…
原來如此。
低落…

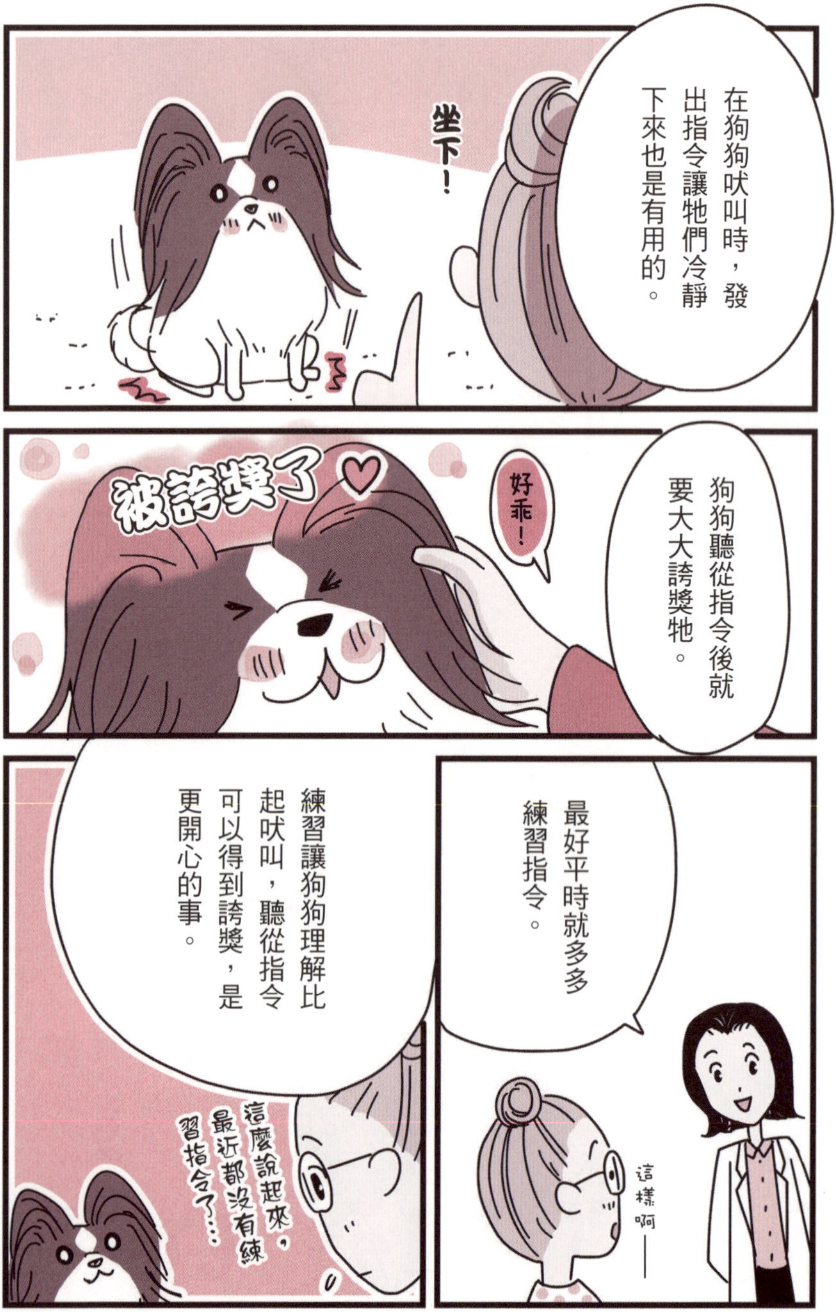
在狗狗吠叫時，發出指令讓牠們冷靜下來也是有用的。
坐下！
狗狗聽從指令後就要大大誇獎牠。
好乖！
被誇獎了
最好平時就多多練習指令。
這樣啊——
練習讓狗狗理解比起吠叫，聽從指令可以得到誇獎，是更開心的事。
這麼說起來，最近都沒有練習指令了……

3個月後
醫生！波波的要求吠叫的情況改善了很多！
哦！
我嘗試了各種不同的方法！
自動餵食器
在牠吠叫時徹底不理牠
等一下
用指令增進連結
妳做得很好呢。
拍拍手
拍拍手
感覺波波變得更可愛了！

以狗狗能夠理解的方式清楚表達拒絕

case 3

不要讓狗狗養成「一吠叫就能獲得關注」的習慣

「要求吠叫」是指狗狗希望飼主能為牠做某件事而吠叫。例如肚子餓、想找人玩、要出去散步等。一旦狗狗有過吠叫後能滿足需求的經驗，便會認為「只要吠叫就能達成目的」，反而會更常吠叫。

應對要求吠叫的方法，就是在狗狗吠叫時拒絕牠。「轉移視線」或「交叉雙臂」這些姿勢對狗狗來說很容易理解。「背對牠」或「離開去其他房間」也是有效的方法。

抓住狗狗停止吠叫的時機，與牠眼神交流並誇獎。如此，狗狗會學習到「吠叫得不到關注」、「不吠叫會被誇獎」。此過程無法一蹴而就，需有足夠的耐心。

此外，如果散步和吃飯的時間是固定的，當時間快到時，狗狗就會要求做到預期中的行為。要是不能滿足牠的

期望，要求吠叫的情況可能會增加。如果從幼犬時期接回家養的時候就不在固定的時間散步或放飯的話，可以減少要求吠叫的可能性。

若是像漫畫中案例那樣，多年來有規律的日常作息，突然改變時間可能會讓狗狗感到焦慮。當飼主無法維持日常作息時，可以使用自動餵食器在固定時間餵食，這麼做能夠減輕狗狗的壓力。

自疫情爆發以來，在家工作成為狗狗要求吠叫的常見原因之一。飼主明明在家卻無法陪伴自己，狗狗無法理解新作息，不知何時才能獲得關注而困惑。此時，若狗狗發現吠叫能引起飼主反應，便會認為「拼命吠叫就可能得到關注」，導致吠叫的行為增加。

想要減少狗狗在飼主居家工作期間的要求吠叫，應每天撥空和狗狗互動，讓牠們感到安心。

關鍵在於
狗狗停止吠叫時，
要立刻誇獎牠們！

\問題行為/

行為
在家人準備走出房間時吠叫咬人

發生時期
從小開始

case 4

家人一有動作就會吠叫咬人

DATA

米克斯
（馬爾濟斯×約克夏㹴）
公．4歲
（已絕育）

●同住家人：本人（51）、丈夫（52）、長女（15）、次女（8）
●同住動物：無
●過去病史：無
●居住環境：公寓（室內飼養）
●看家時間：平日6小時，週末不固定
●散步時間：早上20分鐘，晚上20分鐘

洛基，不可以！不要亂叫！
汪
汪
汪
另一天
我要出門了～
路上小心～
驚
汪
汪
汪
跳起
洛基，別這樣！

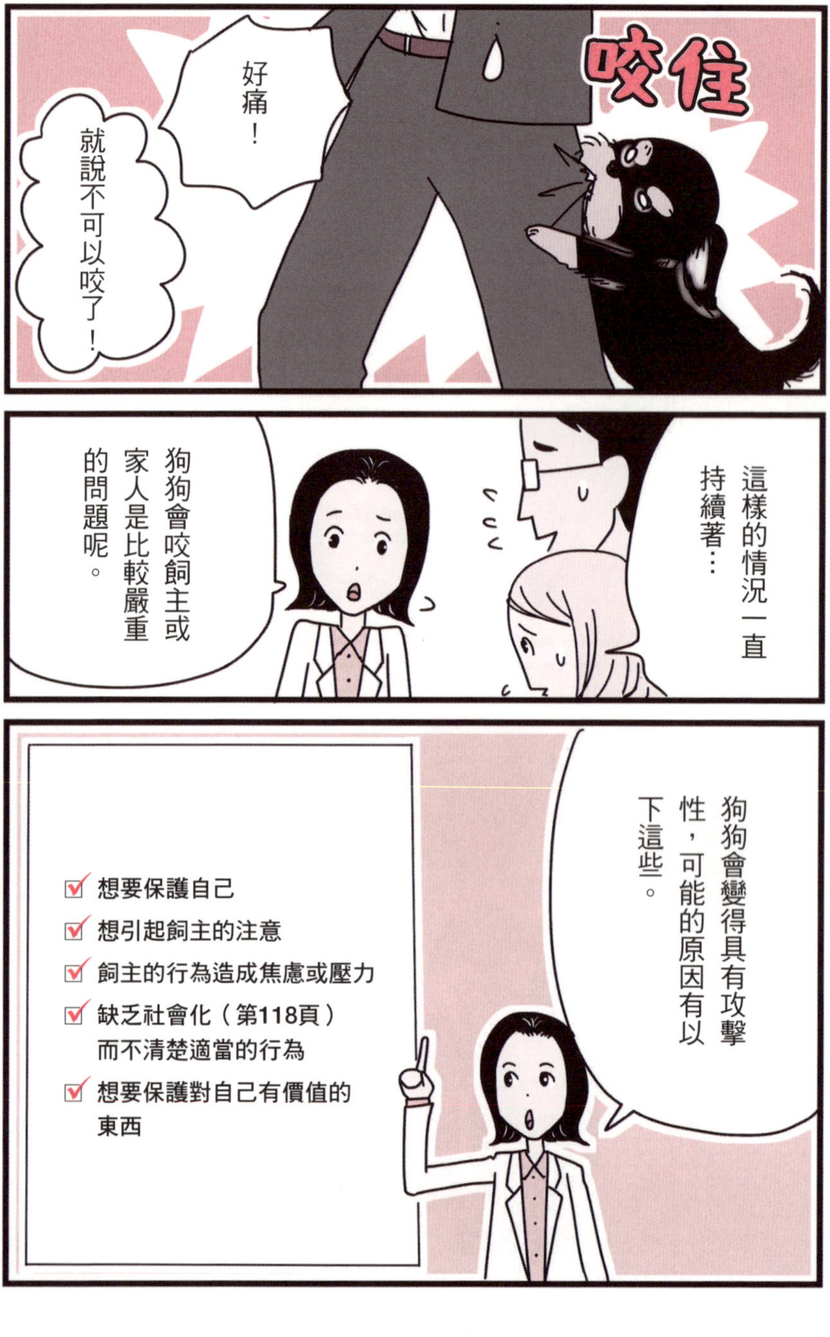
咬住
好痛！
就說不可以咬了！
這樣的情況一直持續著…
狗狗會咬飼主或家人是比較嚴重的問題呢。
狗狗會變得具有攻擊性，可能的原因有以下這些。
想要保護自己
想引起飼主的注意
飼主的行為造成焦慮或壓力
缺乏社會化（第118頁）而不清楚適當的行為
想要保護對自己有價值的東西

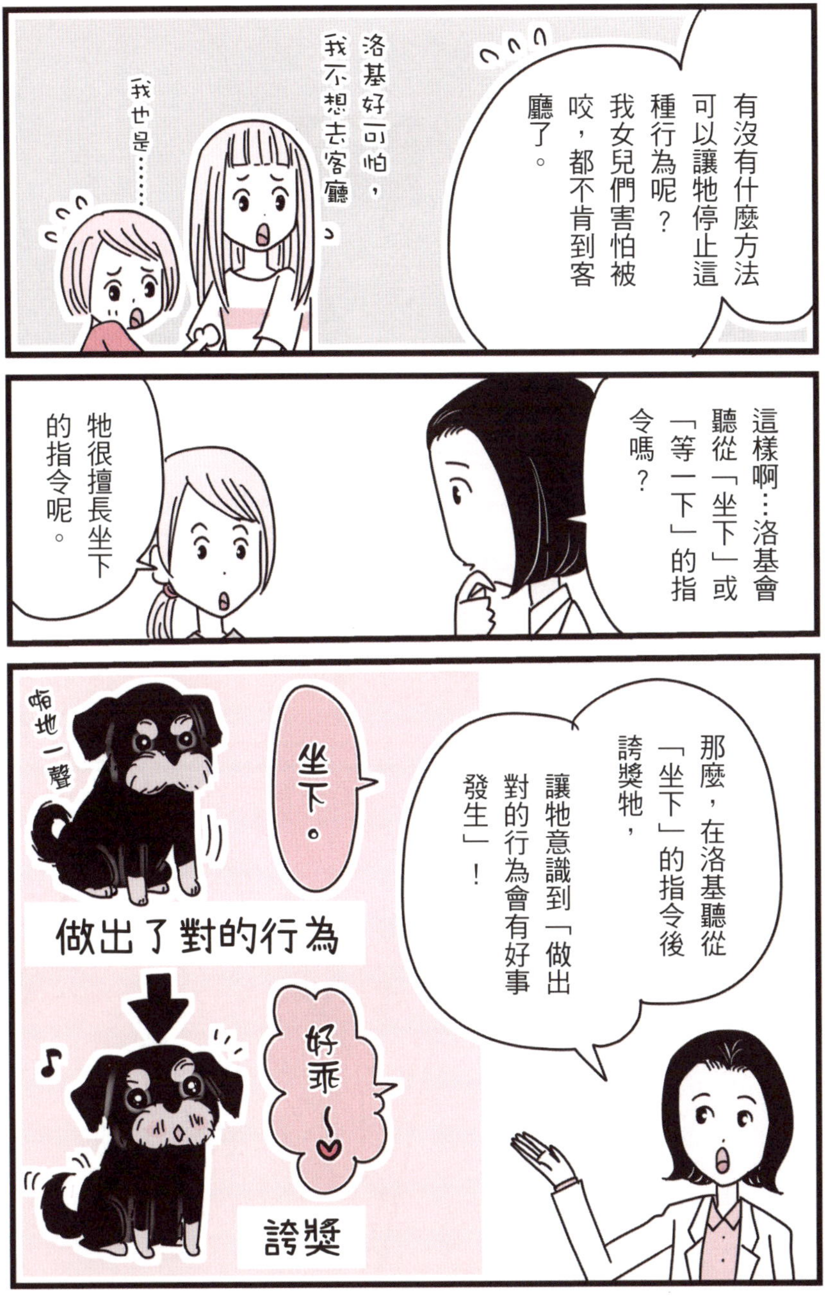
有沒有什麼方法可以讓牠停止這種行為呢？我女兒們害怕被咬，都不肯到客廳了。
洛基好可怕，我不想去客廳
我也是……
這樣啊…洛基會聽從「坐下」或「等一下」的指令嗎？
牠很擅長坐下的指令呢。
那麼，在洛基聽從「坐下」的指令後誇獎牠，讓牠意識到「做出對的行為會有好事發生」！
坐下。
啪地一聲
做出了對的行為
好乖～
誇獎

除了使用指令之外，這些情況下也應該多多誇獎狗狗。
在散步時乖乖走路
安靜地自己玩耍
啃咬
啃咬
在籠子裡安靜待著
原來這些行為
都可以誇獎啊
「做了正確的行為就會得到誇獎」
洛基學會這一點以後……
汪…
坐下！
當牠要對家人做出攻擊行為時，在行為發生之前先發出指令。
透過讓狗狗坐下或等一下來控制牠的行為。

只要讓狗狗明白聽從指令會有好事發生，牠們就會服從。
這麼做才會得到誇獎
如此一來，比起攻擊，牠們更傾向選擇坐下。
因為咬人和坐下是無法同時進行的。
嗷 嗷
坐下
兩個不能同時做！
原來如此…
可以透過指令來阻止問題行為。
狗狗聽從口令後就給予獎勵，家人可以趁這段時間進出。
耶—
悄悄地

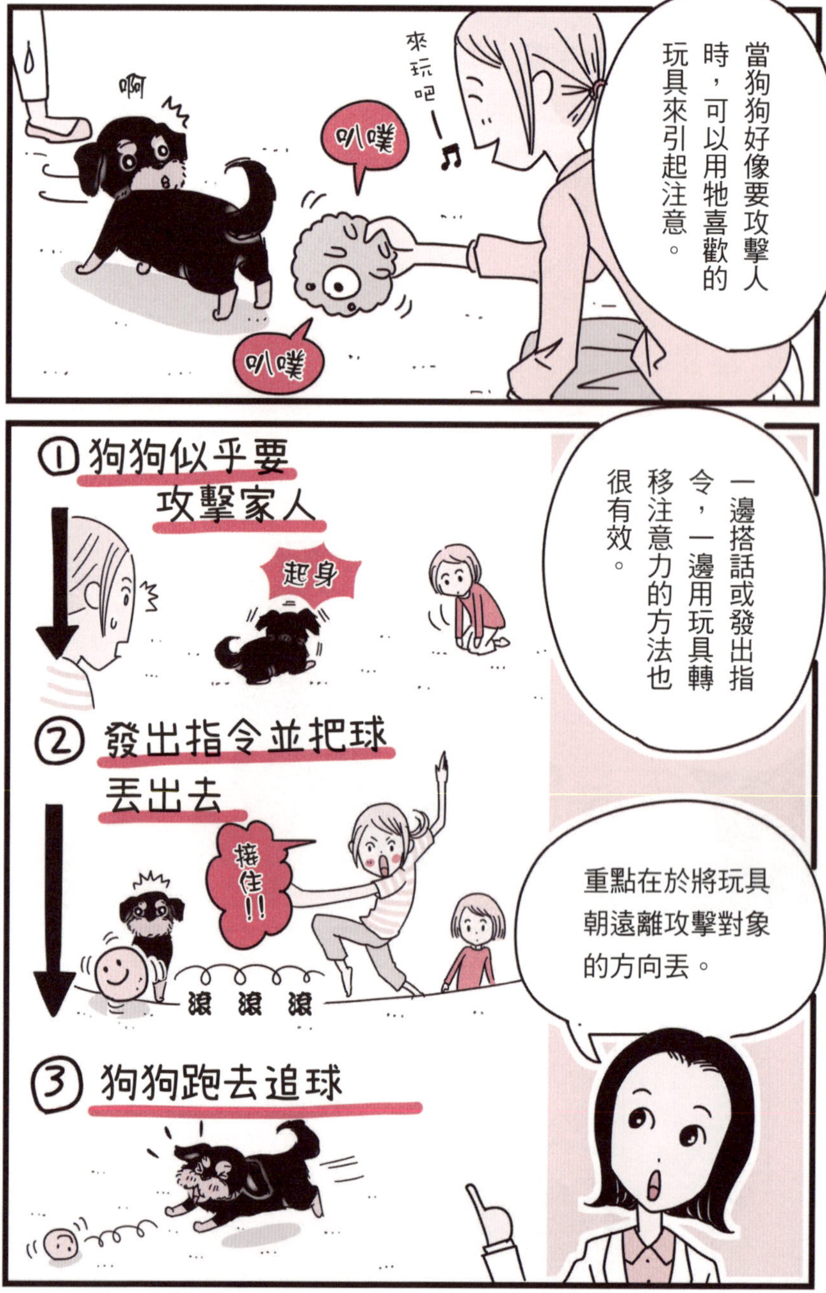

當狗狗好像要攻擊人時，可以用牠喜歡的玩具來引起注意。
來玩吧 ♪
叭噗
啊
叭噗
一邊搭話或發出指令，一邊用玩具轉移注意力的方法也很有效。
① 狗狗似乎要攻擊家人
起身
② 發出指令並把球丟出去
接住!!
滾 滾 滾
重點在於將玩具朝遠離攻擊對象的方向丟。
③ 狗狗跑去追球

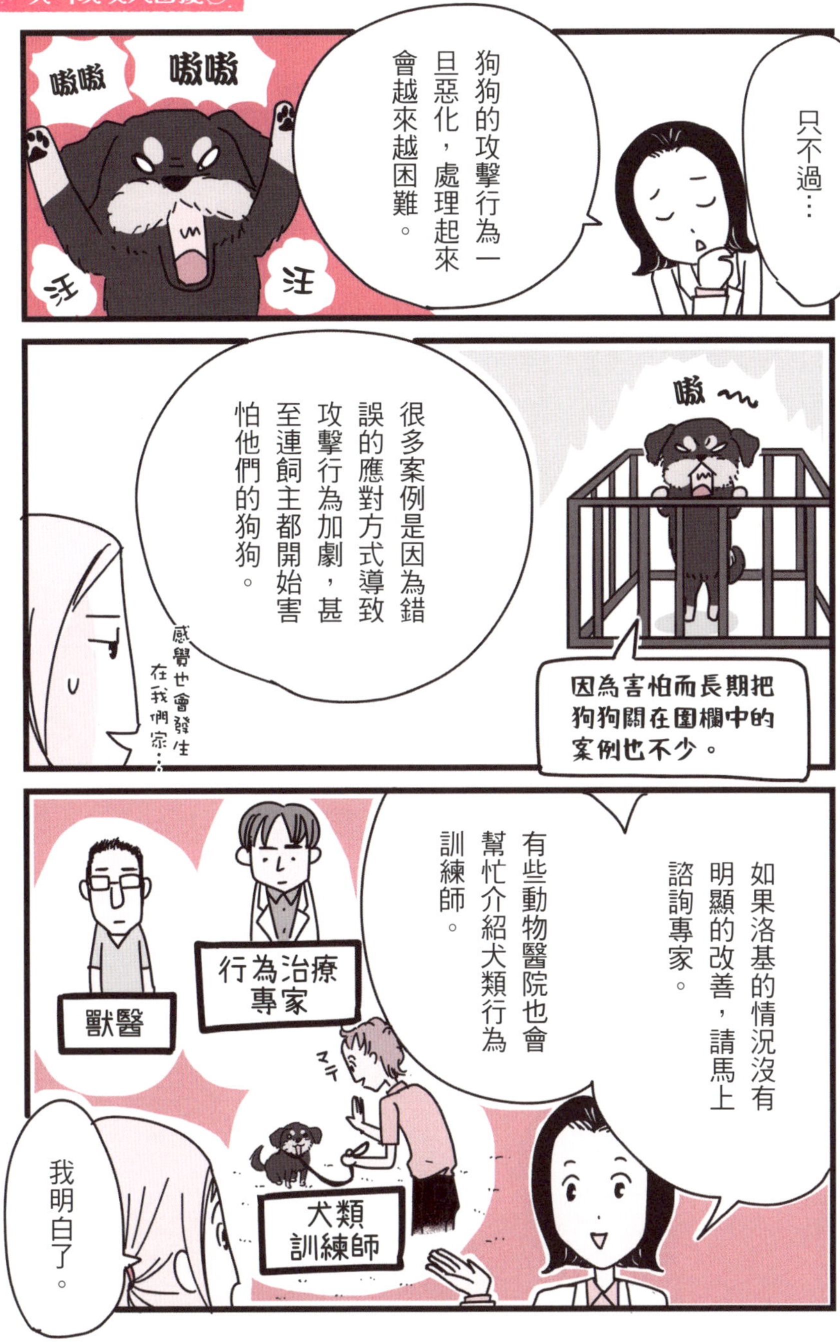
只不過……
狗狗的攻擊行為一旦惡化，處理起來會越來越困難。
嗷嗷
嗷嗷
汪
汪
嗷~
因為害怕而長期把狗狗關在圍欄中的案例也不少。
很多案例是因為錯誤的應對方式導致攻擊行為加劇，甚至連飼主都開始害怕他們的狗狗。
感覺也會發生在我們家…
如果洛基的情況沒有明顯的改善，請馬上諮詢專家。
有些動物醫院也會幫忙介紹犬類行為訓練師。
行為治療專家
獸醫
マテ
犬類訓練師
我明白了。

咬傷飼主的行爲非常嚴重！應立即進行訓練

case 4

如果有困難，可以考慮尋求專家的協助

當狗狗出現咬家人或向家人咆哮的行為時，應立即開始訓練來制止這些行為。盡可能快速且適當地處理攻擊行為是很重要的。據說，問題行為持續的時間越長，解決所需的時間也越長。所以，越早處理，問題就會越早改善。

緩解攻擊行為的訓練方式

1 加強期望的行為

當狗狗看似要發動攻擊時，立刻發出指令，如果狗狗聽從指令就誇獎它。當狗狗明白聽從指令會有好事發生（得到愉快的刺激），攻擊行為就會減少。

2 將注意力從攻擊對象上移開

感覺狗狗快要攻擊時，用狗狗喜歡的物品或指令來轉移牠的注意

力。找出狗狗一定會有反應的玩具，作為轉移注意力的道具。

③ 讓狗狗逐漸熟悉攻擊對象

如果狗狗是因為恐懼而發動攻擊的話，就讓牠逐漸熟悉那些人或行為。如果狗狗經常攻擊特定對象，可以讓該對象餵零食給狗狗，逐漸改變狗狗對他的印象，進而減少攻擊行為。

④ 適度的運動和訓練

如果狗狗缺乏運動的話，容易把過剩的精力轉化成攻擊行為。除了散步以外，要騰出時間讓狗狗可以在寬敞的地方自由奔跑或追球。指令訓練不只能讓狗狗使用腦力和體力，獲得適度的充實感，受到誇獎的經驗也能增強狗狗對主人的信任感，效果顯著。

如果以上列出的訓練方法仍然無效，建議諮詢行為治療的專家。他們能指出飼主未察覺到的問題，並根據個案提出建議，加速問題改善。

需要時可以諮詢犬類行爲專家、訓犬師或獸醫。

常見行爲

解讀常見的狗狗行爲！1

狗狗經常表現的那些動作和行為是什麼意思呢？
根據動物行為學來進行解讀！

常見行爲①

抬著單腳僵在原地

表達想玩耍或集中精神時的姿勢

這種姿勢經常會出現在專注於獵物的獵犬身上，通常是牠們注意到某個東西並準備追擊時。除此之外，這也是邀請人或其他狗狗一起玩耍的姿勢，這時狗狗的尾巴會劇烈搖擺。有時候，狗狗可能也會因為不安或緊張而僵硬，所以需要根據當下情況和狗狗前後的行為來判斷。

常見行爲②

睡覺前刨床

打造舒適睡覺環境的本能行為

這是狗狗的本能之一，源自於野生時期挖掘地面舖成床的習性。野生狗狗會在地上挖洞，利用土壤的溫度來調節自己的體溫。另一個原因是，挖出一個符合自己體型的洞，就能擁有一個沒有空隙被敵人入侵的安全舒適環境。正是這種習性的遺留，讓家犬在睡前也會做出刨床的動作。

第 2 章

飲食 困擾

有些狗狗挑食、飲食習慣特殊，
甚至會搶食其他狗狗的食物。
無論是吃太多還是不吃，都是讓飼主頭痛的問題。

\ 問題行為 /

行為
有時吃有時不吃，每天情況都不一樣。

發生時期
大約1年前

case 5

狗狗挑食，常常不吃飼料

豎起耳朵
吃飯囉～

櫻花又不吃飯了嗎？
……
狼吞
虎嚥

DATA

柴犬
母・13歲
（已絕育）

●同住家人：本人（43）、丈夫（45）、長男（10）、長女（8）
●同住動物：玩具貴賓犬・母・2歲
●過去病史：腎臟治療飲食
●居住環境：獨棟住宅（室內飼養）
●看家時間：平均8小時，週末不固定
●散步時間：早上20分鐘，晚上不固定（長的時候約40分鐘）

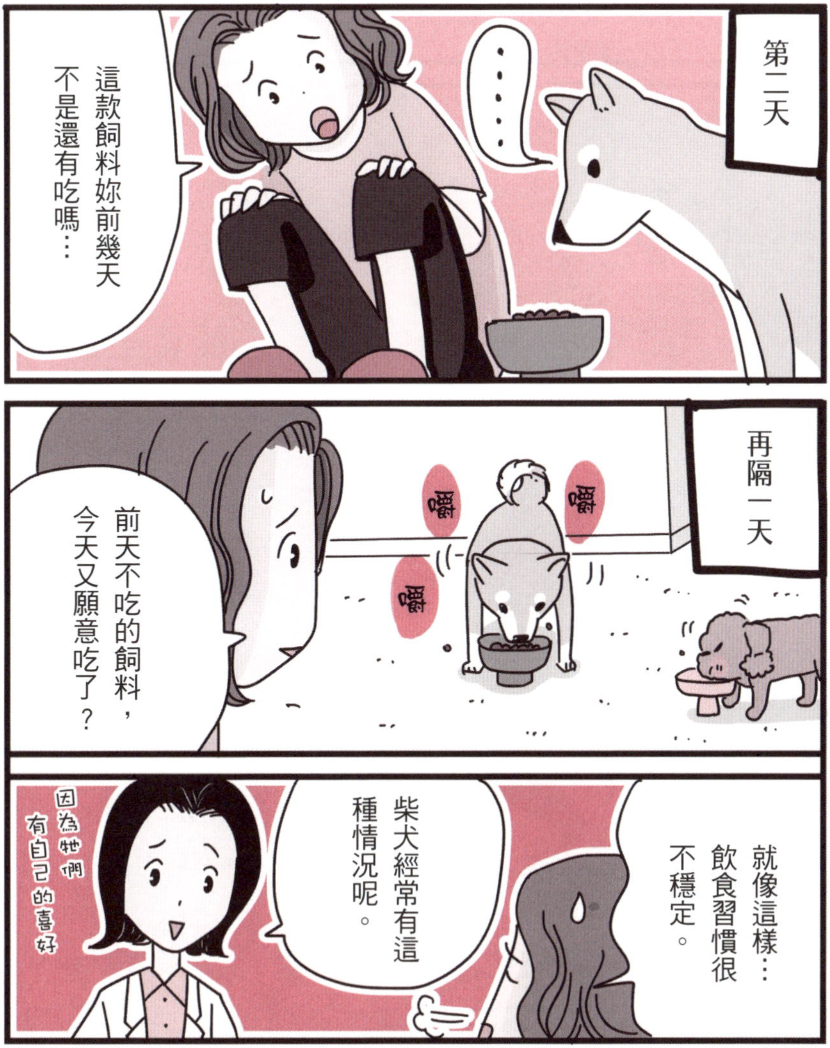

第二天
……
這款飼料妳前幾天不是還有吃嗎…
再隔一天
嚼
嚼
嚼
前天不吃的飼料，今天又願意吃了？
就像這樣…飲食習慣很不穩定。
柴犬經常有這種情況呢。
因為牠們有自己的喜好

老年狗狗不吃飼料的原因有很多。
導致食欲下降的各種原因
腸胃不適
處方飼料不好吃
ぐ
?
zzz
沒注意到自己餓了
沒聞到食物的味道
身體不適…
請先帶狗狗去動物醫院檢查身體狀況。

如果身體沒有問題，那就找找其他原因吧。
好吃
覺得同伴碗裡的食物看起來更好吃，對狗狗來說是常有的事。
更重要的是…
妳應該沒有在牠不吃飯的時候餵零食吧？
一頓
呃…
可能有給過一點點啦…
嘿嘿
這就是最主要的原因啊。

狗狗可能已經記住了，如果不吃飼料就會有零食吃！
反正之後會有零食嘛♫
針對飲食不穩定的問題，可以參考這些對策。
拉長用餐時間間隔
用餐前讓狗狗充分運動
將飼料切成容易食用的大小
將飼料泡軟
將飼料加熱以增強香氣（濕食）
常見原因是狗狗「進入老年期以後」運動量突然減少。
這麼說起來，最近散步的時候好像也不怎麼跑了。

那牠當然不會覺得餓了。
最好在不勉強的情況下，增加牠的運動量。
呼呼 呼呼
散步時的快走時間
透過練習指令來活動頭腦和身體
等一下
原來如此
1個月後
最近牠的食量明顯增加了！
那真是太好了。
在散步的時候加了大約10分鐘的快走時間。
我要反省一下自己，竟然擅自認為牠是老年狗狗就減少了運動。

case 5

缺乏運動
會導致食欲減退！

確認狗狗的飼料大小和軟硬度是否合適

有些狗狗食欲很旺盛，而有些狗狗則對食物興趣不大。即使是同一犬種，也會有個體差異，所以要實際與狗狗共同生活一段時間才能了解牠屬於哪一類。

對飼主來說，最辛苦的是那些對食物興趣不大、挑食的狗狗。除了小型犬之外，這些情況也會出現在挑剔的日本犬身上。有些狗狗在年輕的時候什麼都吃，但隨著年齡增長，飲食不穩定的情況會越來越多。

狗狗不吃飯的最主要原因通常是「不餓」。可以嘗試增加散步的時間，或是在散步中快走、短跑來提升運動量。指令的練習既能活動頭腦也能活動身體，非常有效。

問題也有可能出在飼料上。尤其是對小型犬來說，

飼料太大顆不容易進食或不喜歡飼料的形狀，都會導致牠們不肯吃。而中大型犬，隨著年齡增長或患有牙周病等問題，飼料太硬或太大顆都會讓牠們難以進食。如果用溫水把飼料泡軟，會讓牠們更容易食用。若浸泡時間太短，飼料不易軟化，建議可以浸泡約1小時。濕糧在微波爐加熱後氣味更濃，可能更吸引牠們食用。

因為狗狗不吃飼料就一直放著，從衛生角度來看並不理想。過一段時間後就應該把飼料收起來，讓狗狗學習到「只有這個時間才能吃到飯」。如果因為狗狗不吃飼料就餵牠零食的話，只會讓牠更不願意吃飼料。家人之間也要徹底遵守這個規則。

另外，要是飼主擔心狗狗「又不吃飯了」而一直盯著牠看，也會讓狗狗感到壓力，導致食欲不振。營造吃飯時的愉快氛圍是很重要的。當狗狗把臉靠近碗時，應該誇獎牠、鼓勵牠，讓牠知道「這是好的行為」。

\ 問題行為 /

行為
喜歡從飼主的手裡吃東西，邊吃邊玩

發生時期
2歲的時候開始

case 6

不吃碗裡的飼料，要主人用手餵

我回來了——
唉~今天也好累啊。
可可亞，我回來了~我現在就幫妳準備飯哦。
汪
汪
啊，但是…
最近的可可亞…
沉……默
妳果然還是不吃！

玩具貴賓犬
母・3歲
（已絕育）

DATA

●同住家人：本人（26）、妹妹（22）
●同住動物：無
●過去病史：輕微膝蓋骨脫位
●居住環境：公寓（室內飼養）
●看家時間：平日10小時，假日4小時左右
●散步時間：晚上20分鐘，假日1小時左右

真是的…
那這樣要吃嗎？
嚼
嚼
嚼
用手餵牠好像更願意吃呢。
還要♥
好好好
這樣很花時間，有點辛苦呢。
好好吃ー♥

這是只有對我才這樣嗎？
妹
前幾天我稍微沒注意⋯⋯
牠把飼料一顆一顆從碗裡叼出來，嚇了我一跳。
呸
咦
之後，我跟牠說話，牠才開始吃。
大口
大口
大口吃
怎麼了？
該怎麼辦才好呢？

聽你這麼說…可可亞可能是想要和主人有互動。
唔——
互動嗎？
放在手上的飼料會沾有主人的氣味，
對狗狗來說是喜歡的東西。
妳一看牠，牠就會吃飯，可能是因為被關注了很高興吧？
有在看我嗎？
匆忙
匆忙
或許是想和忙碌的主人多一點交流吧。
……

每天看家10小時對狗狗來說是很寂寞的。
還沒回來嗎…
主人早上沒帶牠散步就去上班，或許也對牠造成了壓力。
對於一隻3歲的貴賓狗來說…
唔…
缺乏運動，也可能會讓牠感覺不到飢餓。
肚子不餓…
而且，散步也是主人和狗狗互動的時間。
妳說得對…

喔——
重新檢視與可可亞的生活，可以試試這些練習和方法。
從碗裡吃飼料的練習
1 只放幾顆飼料到碗裡
2 吃完後誇獎牠
3 重複❶和❷的步驟
提升狗狗食欲的方法
用溫水將乾糧泡軟，更容易食用。
將濕糧微波加熱，使香味更加突出。
餵食高品質的飼料，讓狗狗更滿足。
→高品質飼料的條件
•有標示「綜合營養配方」
•適合狗狗的年齡和健康狀況
•含有充足的蛋白質
•適合狗狗的體質（不會引起過敏或腹瀉）

既然有這個緣分可以成為一家人，
請好好享受和可可亞一同生活吧。
好的！

case 6

吃飯的問題行爲
可能是「想引起注意」的信號

可以考慮陪狗狗吃飯，作為與牠溝通的一種方式

對狗狗來說，每一天吃飯都是一件大事。然而，許多飼主在狗狗的飲食方向煞費苦心。就像漫畫中的案例一樣，有些飼主面臨「狗狗只吃主人手裡的食物」的煩惱。此外，也有些案例是「狗狗沒有人看著就不吃，吃飯時想要有人陪」。

這種情況下，狗狗可能經歷過當牠不吃飯時，飼主會陪在牠身邊，並用手遞飼料問牠：「你不吃嗎？」這樣的經驗，讓狗狗學會了不吃飯可以引起飼主的注意。

狗狗其實不喜歡在吃東西時被一直盯著看。那些在吃飯時希望得到飼主關注的狗狗，可能是因為渴望與飼主有互動。如果想要尊重狗狗的感受，並且時間允許的話，可以考慮陪牠一起吃飯。

邊吃邊玩可能是尋求關注或是對碗不滿意

有些狗狗會從碗裡把飼料一顆一顆挑出來吃。有時還會吃一點點後在房間裡走來走去，或是跑去玩玩具。這種「邊吃邊玩」雖然不是很嚴重的問題，但也有飼主會因為狗狗花費太多時間在吃飯上而感到困擾。

如果狗狗學會透過邊吃邊玩的方式來引起飼主的注意，就會反覆出現這種行為。這時，飼主可以試著在飯前預留時間陪狗狗一起玩或練習指令。滿足了狗狗想與飼主互動的需求後，牠們也就能更專注吃飯。

此外，若狗狗把飼料撥弄到碗外才吃，可能是不喜歡碗的形狀或材質。深口的碗會讓牠們在埋頭進食時看不見周圍環境，使牠們沒有安全感，進而不願意進食。如果狗狗在吃飯時有些猶豫的樣子，請檢查一下碗。

Next

case
6

要防止狗狗吃太快，可以少量多餐或給予滿足度高的食物

飼主經常因為狗狗吃太快而擔心。

有效對策之一是增加進食次數。許多飼主認為狗狗應一天兩餐，但其實無此規定。若將一天的食物分成3次以上餵食，縮短進食間隔，狗狗便不會那麼急於進食。

此外，給狗狗食用高品質且高飽足感的食物，或使用藏食玩具的方法也很有效。

雖然市面上也有一些防止狗狗狼吞虎咽的餐碗，不過對於某些狗狗來說，那樣的餐碗反而不適合。慢食碗的設計是讓狗狗的舌頭或嘴巴比較難碰到食物，吃起來比較花費時間。雖然這樣可以防止狗狗狼吞虎咽，但看得到吃不到的煎熬可能會讓牠們感到壓力。如果使用慢食碗讓狗狗在吃飯時顯得很煩躁的話，就考慮換其他方法吧。

透過指令訓練
讓狗狗冷靜下來避免狼吞虎咽

如果狗狗在吃飯前顯得很興奮的話，先讓牠們冷靜下來也是可以避免牠們狼吞虎咽的一種方式。建議在飯前進行指令訓練讓狗狗冷靜下來。但不要過分拉長時間或吊胃口，「坐下」或「等一下」的簡短訓練就可以了。

在進行指令訓練時，建議不要把飼料放在狗狗的面前。等待的訓練有助於培養狗狗的耐心，但如果為了讓狗狗等待而強行壓制牠們的身體或是稍微動一下就訓斥的話，可能會因此導致狗狗對飼主產生不信任或不滿。

最好在結束「坐下」或「等一下」的指令訓練後，再把裝有飼料的碗放到狗狗面前。

透過這些進食步驟，增進狗狗對你的信任吧。

\ 問題行為 //

行為
新成員會搶哥哥姐姐的飯來吃

發生時期
最近1年

case 7

新成員搶哥哥姐姐的食物

喂！檸檬，不可以！
妳的飯在這裡啊～
嘿し
悄悄地…
都說了不可以！

DATA

米格魯
母・4歲
（已絕育）

●同住家人：本人（52）、丈夫（53）、長女（24）、公公（80）
●同住動物：柴犬・母・9歲
●過去病史：無
●居住環境：獨棟住宅（室內飼養・有時會在庭院活動）
●看家時間：平日5小時，週末基本上沒有
●散步時間：早上15分鐘，傍晚30分鐘

柚子，妳也不要讓著她！
這是柚子的!!
這樣下去不是辦法…
所以我把她們吃飯的房間分開了。
檸檬
柚子
這樣一來，柚子就會正常吃飯了。
嚼
嚼

柚子被搶食物，會不會造成她的壓力呀？
不好說呢。
柚子有變瘦嗎？有對檸檬發出低吼嗎？
很普通地接近
充滿
光澤
有朝氣！
結實
健康
那些問題都沒有耶。
那麼，柚子應該沒有感到壓力。
有什麼不對嗎？
呼
呼
呼

原來有狗狗被搶了食物還不會生氣的嗎？
我碰過的狗狗都是超級貪吃。
以前養的柯基超級愛吃鬼
緊抱
這是我的飯！！
這大概是個體差異吧。
柚子不生氣可能有這些原因。
哦～
覺得對方的地位比較高
當狗狗長大以後，年齡就不再那麼重要，年輕的狗狗也有可能地位比較高。
試圖避免衝突
為了不跟對方起衝突，主動讓出食物。
對食物不太執著
原本就對食物不感興趣，即使被吃掉也不會在意。
儘管如此，長期被搶食物可能會對健康造成影響。
我認為分開吃飯是正確的做法。
聽妳這麼說，我就放心了！
柚子，妳到那邊吃飯吧。

如果狗狗不介意被搶食物，就不是什麼大問題！

case 7

從健康管理的角度來說，分開吃飯比較好

狗狗也有分成食欲旺盛和胃口不大的（見第68頁）。當這兩種類型的狗狗一起生活時，經常會發生搶食物或搶零食的情況。

如果被搶食的狗狗沒有健康問題，也沒有對另一隻狗低吼或發怒的情況，那就沒有太大的問題。這些狗狗本身對食物就不太執著，即使被同住的狗狗搶食也不會感到壓力。如果被搶食的狗狗不會躲避同住的狗狗，那就代表同住的狗狗不太可能會成為壓力來源。

然而，即使被搶食的狗狗沒有問題，搶食的狗狗可能會攝取過多的卡路里，進而引發健康問題。為了讓兩隻狗狗都能攝取適量的食物，飼主應該分隔牠們的用餐區域。

不僅僅是食物和零食，爭奪玩具或飼主身邊的空間在

多狗家庭中也很常見。如果其中一隻狗狗表現出讓步的態度，這可能是因為狗狗之間已經確立了地位高低、想避免衝突而讓步，或是那隻狗狗對這些事物並不執著。無論如何，只要讓步的狗狗沒有出現壓力或身體不適的跡象，飼主就不需要干涉。因為狗狗之間的關係已經確立了。

即使給的是同樣的東西，有些狗狗不知道為什麼還是會想要別人的東西，這可能是群居的狗狗習慣透過與他人競爭來確立地位高低。此外，狗狗也有強烈的習性要守護對自己有價值的物品（資源保護）。只要不演變成激烈的衝突，這些都是狗狗基於本能或習慣所做出的行為，所以不需要過度干涉。

如果狗狗之間的互動伴隨著攻擊性並可能導致受傷時，飼主應該在狗狗玩玩具時多加留意，在發生低吼或咬人行為前就要將牠們分開。

※壓力訊號：舔嘴巴、反覆打哈欠、用腳抓身體、尾巴捲曲、顫抖、排泄失敗、焦慮地四處走動等。

常見行爲 解讀常見的狗狗行爲！2

常見行爲③

用身體摩擦零食

沾染味道宣示主權

狗狗有種習性，會利用自己的氣味來宣示地盤或所有權。當牠們用身體摩擦零食，或許就是想宣示「這是我的」。這可能是源自野生時代的本能行為，利用獵物的氣味來掩蓋自己的氣味，以吸引其他獵物。另一方面，也可能是因為牠們喜歡零食的氣味，所以想讓自己身上也沾上同樣的氣味。

常見行爲④

喜歡舔人的臉

舔舐的行為是表達親暱或要求

對狗狗來說，舔舐是一種親子間或群體間的溝通方式。牠們透過舔舐來表達親暱和愛意，還有對領袖的服從。如果在斥罵後立刻舔人，就是服從的信號。另外，飼主在狗狗舔人時有所回應的話，牠們就會學會「舔舐能引起注意」，所以當牠們想要引起注意時就會舔人。
小狗在向母狗討食物時也會進行舔舐，所以有時候可能是因為想要零食而舔飼主。

第 3 章

散步困擾

散步時，飼主常遇到各種困擾。
比如狗狗突然停下來不肯前進、使勁拉扯，
或對其他狗吠叫等，碰到這些行為該怎麼辦呢？

\ 問題行為 /

行為
散步看到其他狗狗就會吠叫，並試圖接近

發生時期
開始帶出門散步後

case 8

散步時遇到其他狗狗會吠叫

和愛犬次郎一起散步是我每天的例行公事。
但是……
啊。

DATA

米克斯
（柴犬×狐狸犬）
公・2歲
（未絕育）

●同住家人：本人（35）、妻子（34）、長男（3）
●同住動物：無
●過去病史：無
●居住環境：公寓（室內飼養）
●看家時間：平日5小時，週末沒有
●散步時間：早上15分鐘，晚上40分鐘左右

次郎總是會對其他狗狗吠叫。
不行！
汪
汪
汪
我每次都只能急忙離開現場。
不好意思
沒關係
汪
汪
汪
啊，又要叫了……

不好意思
汪
汪
汪
因為附近有很多人養狗，所以很傷腦筋。
真是一刻都不能鬆懈啊。
汪
次郎為什麼會那麼討厭其他狗狗呢？
也不一定是討厭哦。
咦？
狗狗吠叫都是有原因的。

以次郎的情況來說，原因大致上有兩種。
原因1
想靠近對方
〈特徵〉
耳朵豎起，嘴角微微上揚
尾巴豎起並搖動
對方遠離時吠叫得更加激烈
整體上是前傾的姿態
原因2
不想讓對方靠近
〈特徵〉
耳朵後縮，嘴角下垂
尾巴水平伸展或垂到腰部以下
對方靠近時吠叫得更加激烈
重心向後移的姿態
從飼主的角度來看，是哪一種呢？
唔……
耳朵豎得很直
姿勢非常前傾
眼睛閃閃發亮
尾巴高速擺動
嘖？

回想起來，牠的尾巴擺動得很猛烈呢。
這樣啊……
那牠可能只是想要接近對方呢。
可以讓牠試著向友好且溫順的狗打招呼。
方便讓牠打個招呼嗎？
可以呀～
如果一直吠叫，是會被對方討厭的。
坐下
唰
最好是下達指令讓牠冷靜下來後再靠近。

友好的問候
聞
嗅
聞
嗅
狗狗打招呼的方式是互相聞對方的屁股。
然而，有些狗狗會因對方靠近或嗅聞自己的屁股
而感到不悅，甚至生氣。
如果狗狗表現出憤怒的樣子，就要立刻讓牠離開對方。
順帶一提，拉扯牽繩是不好的行為。
不只是離開對方的時候，靠近對方或從遠處吠叫的時候也是一樣。

被拉扯的時候，反而會增加緊張感。
繃緊
用力拽——
原、原來如此…
牽繩必須保持U字型！這是最基本的。
U字型
好舒適～♪
但不拉牽繩的話，我要怎麼讓狗狗停下來呢？
這時候指令就派上用場了！

無論什麼時候，只要能用指令引起狗狗的注意，就能控制牠的行動。
汪
汪
汪
坐下
好！
最好在各種情況下練習指令。
也需要透過其他活動來滿足牠想找其他狗狗玩的欲望。
我一直以為次郎很討厭其他狗狗呢。
看來以後有很多應對方法了。
加油哦！

如何判斷狗狗想接近其他狗狗還是排斥其他狗狗靠近

case 8

當狗狗吠叫時，要能用眼神讓牠安靜下來

「散步時，狗狗總是會對其他狗狗吠叫，很讓人傷腦筋。」這是我經常被飼主問到的問題行為之一。就像漫畫中所描述的，狗狗對其他狗狗吠叫主要有兩種原因：①想接近對方。②不想被對方靠近。我們需要觀察狗狗的身體語言才能判斷是哪一種情況（見第91頁）。

如果是狗狗自己想靠近（接觸）其他狗狗，進入對方半徑1公尺範圍內後，很高機率會停止吠叫。如果對方是有耐心的狗狗，可以試著接近對方，但通常一邊吠叫一邊接近只會讓對方反感。

先透過眼神接觸和指令讓狗狗冷靜下來，得到對方飼主的同意後給出OK的訊號，這時候再接近對方是最理想的。

在狗狗容易興奮的戶外情境下很難馬上做到，所以最好先

一直吠叫的話，
會被其他狗狗
討厭喔。

在室內安靜的環境中練習眼神接觸和指令。

此外，如果為了遠離其他狗狗而迅速離開現場，狗狗想玩的欲望得不到滿足，下次遇到其他狗狗時可能會吠得更厲害。在這種情況下，應該用眼神接觸讓牠安靜下來，同時迅速離開到看不見其他狗狗的地方。之後，為了滿足狗狗想玩的欲望，可以使用長牽繩讓牠在空曠的地方盡情奔跑，讓牠充分四處嗅聞，或是給予零食。

請注意，沒有結紮的狗狗很容易被挑釁，如果公狗表現出想和其他狗狗互動的樣子，最好帶牠去做絕育手術。

什麼是眼神接觸？

在狗狗的訓練中，這代表「讓狗狗的注意力集中到飼主身上」。透過眼神接觸，狗狗的注意力會轉向飼主，更容易下達指令或讓牠冷靜下來。除了呼喊名字之外，也可以教會牠「LOOK」或「看這裡」等指令。

Next

case 8

當愛犬不想讓其他狗狗靠近時，應該迅速離開現場

另一種情況是，「愛犬不喜歡其他狗狗接近自己，會用吠叫的方式來牽制對方。」所以飼主應該要留意避免接觸到其他狗狗。散步時，不要過於放鬆，要多加注意狗狗和周圍的狀況，當看到遠處有其他狗狗時，應該在自家狗狗吠叫之前就改變路線。狗狗似乎要吠叫的跡象，通常可以從牠停下動作和牽繩繃緊等徵兆中察覺到。自家的狗狗開始吠叫時，其他狗狗的飼主可能會選擇迴避，但這樣狗狗會誤以為「吠叫可以趕走對方」，所以應該要由自己主動迴避，比較恰當。

在改變路線時，也不要拉扯牽繩，而是使用眼神接觸和指令。

如果可以的話，也應該訓練自家狗狗在其他狗狗在場

的情況下保持沉穩。當愛犬看到其他狗狗了，但還沒近到會吠叫的距離時，可以給予零食作為獎勵，然後逐漸縮短與對方的距離（見第29頁的系統減敏感法）。需要注意的是，如果在狗狗吠叫後才給零食，狗狗會誤以為「吠叫會得到獎勵」，因此零食一定要在吠叫之前就給牠。

對著摩托車或腳踏車吠叫的情況

散步時，狗狗會對著摩托車或腳踏車吠叫的情況，讓很多飼主很傷腦筋。尤其是有獵犬血統的犬種，牠們有追逐移動物體的習性，所以反應更敏銳。其他吠叫的原因，包括巨大噪音的威脅，或害怕物體突然接近而產生的防禦行為。

訓練狗狗不對摩托車或腳踏車吠叫的方法

1. 當摩托車或腳踏車接近時，在狗狗還不會吠叫的距離內，下達「坐下」或「等一下」的指令，若狗狗有遵從就給予零食並誇獎牠。
2. 繼續❶的訓練，讓狗狗練習在摩托車或腳踏車經過時能夠平靜地等待。一開始先在距離摩托車和腳踏車較遠的地方開始進行，逐漸縮短距離。

★在訓練的同時，可以錄下摩托車的聲音，然後從小音量開始播放，讓狗狗習慣。如果狗狗能夠平靜面對，就給予零食，將音量慢慢增大到目標音量。

問題行為

行為
散步時會拽牽繩，有堅持要走的方向。

發生時期
開始帶出門散步以後

case 9

散步總愛拽牽繩，而且越拉越大力

我家的愛犬
馬修是一隻傑克羅素㹴。
雖然非常可愛，但有件事一直困擾著我。
那就是牠散步時總是會拽牽繩！
咿
一路猛拉
牠力氣很大，我總是要小跑步才能跟上。

DATA

傑克羅素
公・2歲
（已絕育）

- ●同住家人：本人（35）、丈夫（42）
- ●同住動物：無
- ●過去病史：無
- ●居住環境：公寓（室內飼養）
- ●看家時間：因為是自營業，基本上都有人在家
- ●散步時間：早上30分鐘，晚上30分鐘左右

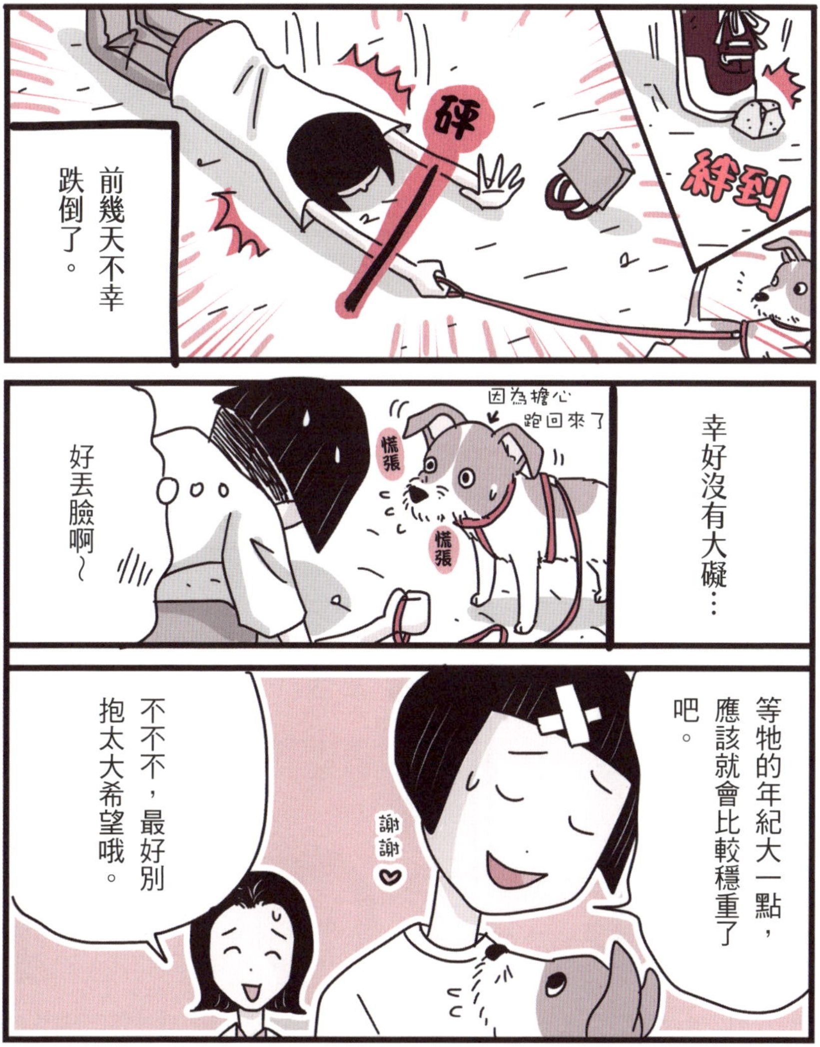

前幾天不幸跌倒了。
絆到
砰
幸好沒有大礙…
因為擔心跑回來了
慌張
慌張
好丟臉啊～
等牠的年紀大一點，應該就會比較穩重了吧。
謝謝♥
不不不，最好別抱太大希望哦。

傑克羅素㹴
・好奇心旺盛且活潑
・喜歡奔跑和追逐
・耐力強
（見第221頁的狗狗圖鑑）
什麼!?
即使變成老年狗狗了，依然是喜歡奔跑的犬種哦。
而且我覺得散步時間太短了。
咦！真的嗎？
我朋友養吉娃娃，散步時間也差不多是這樣…
畢竟是小型犬…
傑克羅素㹴和吉娃娃需要的運動量不同哦。
最好的方法，是讓狗狗學會「跟著主人走」的指令。
咦？

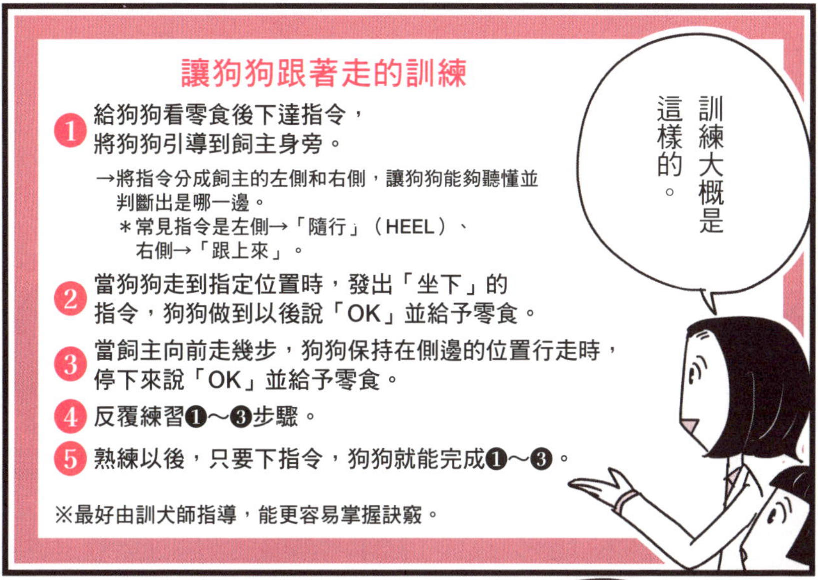
訓練大概是這樣的。
讓狗狗跟著走的訓練
1 給狗狗看零食後下達指令，將狗狗引導到飼主身旁。
→將指令分成飼主的左側和右側，讓狗狗能夠聽懂並判斷出是哪一邊。
＊常見指令是左側→「隨行」（HEEL）、右側→「跟上來」。
2 當狗狗走到指定位置時，發出「坐下」的指令，狗狗做到以後說「OK」並給予零食。
3 當飼主向前走幾步，狗狗保持在側邊的位置行走時，停下來說「OK」並給予零食。
4 反覆練習❶～❸步驟。
5 熟練以後，只要下指令，狗狗就能完成❶～❸。
※最好由訓犬師指導，能更容易掌握訣竅。

傑克羅素㹴是聰明的犬種，我想牠應該很快就能學會。
理想的行走方式
哦哦哦

但只是跟在主人身邊，傑克羅素㹴是無法滿足的。
像是丟接球
或是盡情奔跑
請加進一些丟接球或奔跑等運動。
有時候馬修會堅持要往自己想去的方向走，這讓我很傷腦筋…
拽
妳是怎麼處理這種情況的呢？
我總是會忍不住順他的意…
喔~那樣的話，狗就會越來越常那麼做了。
打擊

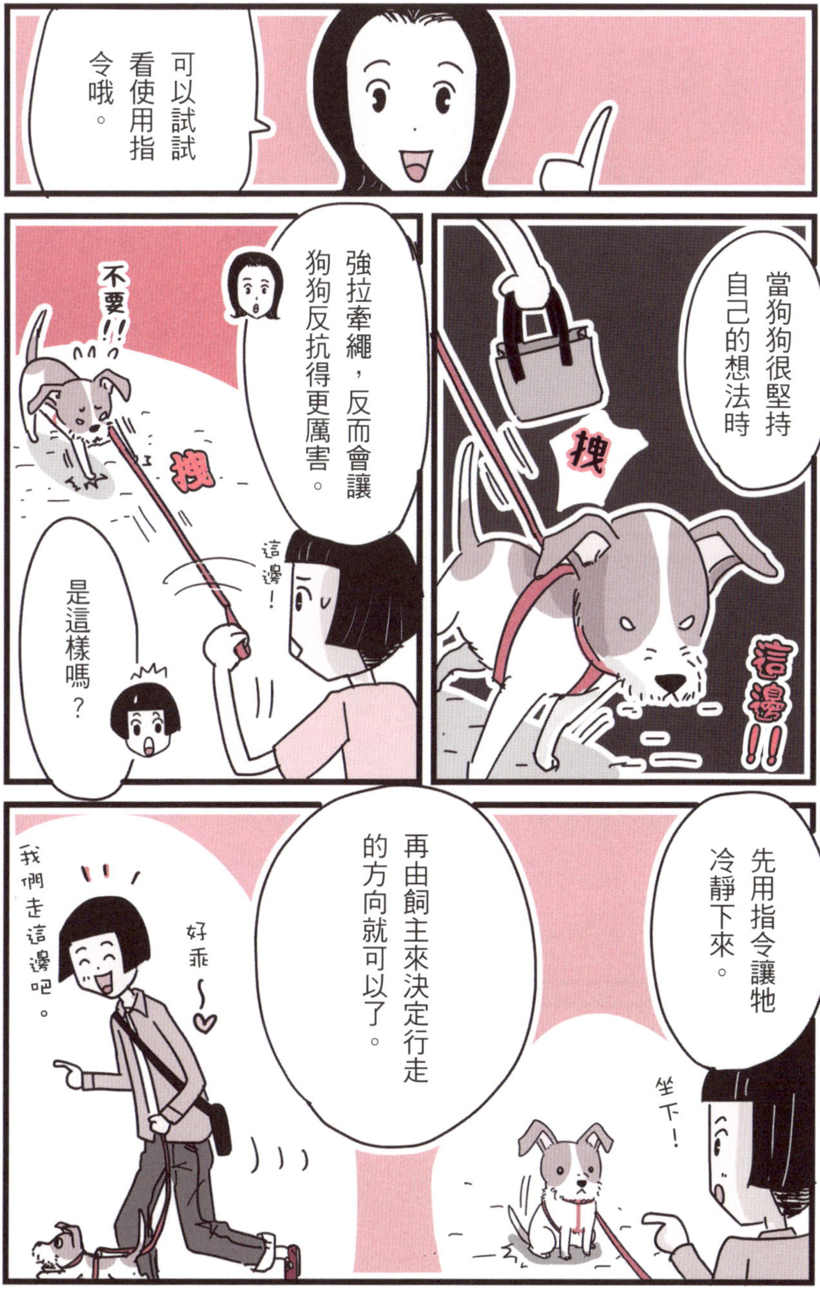

可以試試看使用指令哦。
當狗狗很堅持自己的想法時
拽
這邊!!
強拉牽繩，反而會讓狗狗反抗得更厲害。
不要!!
拽
這邊!
是這樣嗎?
先用指令讓牠冷靜下來。
坐下!
再由飼主來決定行走的方向就可以了。
好乖~
我們走這邊吧。

有時候是以前在同一條路上經歷過可怕的事情，因為有記憶，所以不肯再往前走。
那邊很可怕！
狗狗明明很害怕還強行拉著牠走，會讓牠對飼主產生不信任感…
拽
拽
主人好討厭！！
可以用零食誘導狗狗自己往前走。
是零食哦
零食…♥
要記住，就算牠只是走了幾步也要誇獎牠！
好的

散步困擾②

2個月後
我還在讓牠練習跟著我走。
有持續練習就是好事。
前幾天是我第一次不用拽著牠，牠也會自己走，我就大大地誇獎了牠！
♫～
哦～
鼓掌
還有，我也拉長了散步時間，開始跟牠玩丟接球！
牠看起來很開心的樣子，超可愛的～
看來主人和馬修都樂在其中，真是太好了。

從幼犬時期就開始訓練習慣跟著主人走

case 9

適時加入奔跑或快走，讓散步變得張弛有度

狗狗散步時拉扯牽繩是許多飼主的煩惱。尤其像傑克羅素㹴和迷你杜賓犬等活潑小型犬，力氣比想像中大。

拉扯原因有很多，可能是對散步興奮，或是想盡快到外面排泄。若排泄後能平靜下來則無妨，但要是動不動就拉扯牽繩，就需好好處理。如果放任此壞習慣，狗狗可能會隨意衝向他人或其他狗狗。從幼犬時期開始，就應訓練牠們習慣跟著飼主走路。

狗狗散步時不需全程跟隨飼主，只需在人潮多或交通擁擠的地方，或是在狗狗可能會暴衝或對牠有危險的地方做到這一點就可以了。此外，可以適時加入奔跑或快走，使散步張弛有度，同時滿足狗狗的運動需求。

散步中的嗅聞，對狗狗來說是重要的情報收集

有的案例是，飼主致力於保持散步的張弛感，但狗狗卻一直在「嗅聞」，而不繼續走路。

狗狗是透過嗅聞來探索周圍環境、收集情報的。這是牠們重要的本能，完全禁止嗅聞，會讓牠們欲求沒有被滿足而感到挫敗。如果散步進展不順利，可以訓練牠們聽從指令行走，或者在牠們向前走幾步後給予零食，每一次前進都可以得到獎勵。

可選定公園特定區域，讓狗狗盡情嗅聞。有時候也可以帶牠們去不同的公園，或是改變散步路線，讓牠們聞到新的氣味，這些做法都可以增添狗狗散步的樂趣。

有些狗狗會嗅聞掉在地上的食物。為了避免狗狗誤食，飼主應提前察覺，並避開路線。

\ 問題行為 /

行為
不想去散步，馬上就停下腳步。

發生時期
從幼犬時期開始就一直這樣

case 10

不喜歡散步，一下子就不肯走了

DATA

吉娃娃
母・5歲
（已絕育）

●同住家人：本人（51）、丈夫（54）、婆婆（79）
●同住動物：貓（米克斯・13歲・母）
●過去病史：稍有肥胖傾向
●居住環境：獨棟住宅（室內飼養）
●看家時間：基本上沒有（偶爾半天左右）
●散步時間：早晚連哄帶騙各散步20分鐘

好了，我們走吧。
拉出來
不悅——臭臉
繫上牽繩以後，牠還是會勉強走幾步，但是…
唉
馬上就變成這樣…
不想走了，抱我

摩可，再多走幾步嘛。
不要！
僵持
最後還是我抱著牠回家的。
♫～
獸醫也說牠有點肥胖傾向，希望能想辦法讓牠多走幾步路。
?
胖嘟嘟
妳那樣的做法，難怪牠會討厭散步呀。
咦，是這樣的嗎!?

首先，先帶去動物醫院檢查身體是否有哪裡不適，導致牠不願意走路。
身體好沉重…
不想走路…
有些狗狗是因為有肥胖傾向，身體很重才不想走路。
可以考慮換成減重飼料。
減重飼料
或是增加玩遊戲的時間。
也有可能是因為同住的貓咪高齡以後不再和牠玩耍，多少造成了影響。
同時也要重新檢視出門散步的步驟。
步驟嗎？

牠可是被強行繫上牽繩，心情很差地出門散步呢。
不要啦～
情緒非常低落
步伐沉重
出門對牠來說沒有任何愉快的事，對吧？
摩可——
① 用狗狗喜歡的點心來叫牠
② 在給牠吃零食的同時繫上牽繩
扣上
好吃
可以運用零食來幫牠繫上牽繩。
繫上牽繩後，別忘了要誇獎牠！
好乖～
如果有餵牠吃零食，就要調整一下，減少飼料的分量。
啊，我沒做到這一點！

從狗狗熟悉的地方開始
先從附近安靜的地方開始適應散步。
前門
後院（如果有的話）
自然環境多的地方更受狗狗喜愛。
安靜的公園
漸進式提升！
・附近
・短時間
・人少、車流量少的安靜地方
漸漸適應
・出遠門
・長時間
・人多、交通繁忙的熱鬧地方
只要牠在外面稍微走了一下就大力誇獎！
步伐輕快
嘿嘿
好乖
真棒
這是最基本的。

這些是我推薦的技巧…
也有一種方法是出門的時候抱著，回家的時候讓牠用走的。
原來如此！
①抱著帶到公園
②讓牠走回家
喜歡待在家的狗狗在回家的路上會走得比較開心哦。
回家囉—!!

在散步中安排一些有趣的活動也是一個方法。
在公園裡玩喜歡的玩具
從其他毛爸毛媽那裡獲得零食
吃吧
去不同的公園看看
這樣更容易讓狗狗認為散步=愉快的事。
飼主表達出自己開心的心情也很重要！
因為狗狗能感受到飼主的情緒。
真的嗎？
散步好開心呀～♪
不要把散步看作負擔，要盡情享受。
好的！

case 10

社會化不足 容易導致狗狗不喜歡散步

散步適時誇獎狗狗能強化良好行為

即使是簡單說狗狗不喜歡散步，實際情況也各有不同。例如，「剛出門就發抖，無法移動半步」或「走一小段後便停住不動」等。

若狗狗抖到無法行走，可能是因為缺乏社會化。在出生後3～16週沒經歷過外界刺激的狗狗，長大後可能會害怕外界。可先從門口或後院等熟悉的地方開始，讓牠慢慢適應環境。因缺乏社會化，狗狗可能也怕人或車，應該從安靜的地點和時段開始，初次外出停留時間宜短。

若狗狗走幾步就停下來，可能是因為牠沒有感受到散步的樂趣。可在牠走幾步後就馬上誇獎，強化牠「走路」的行為。也可以找個人一起散步，由一人拿著零食在前面吸引，引導狗狗前進，這也是有效的方法。

在散步的過程中，要仔細觀察狗狗的狀態。

散步不僅是活動，更重要的是關注「適合狗狗的步行方式」

許多飼主認為「散步＝讓狗狗走路」，但從動物行為學的角度來看，這種理解並不全面。散步對狗狗而言，是很重要的運動機會，也是刺激大腦的寶貴放鬆時間。因此，不該只是漫無目的行走，而應讓狗狗真正享受其中。

狗狗享受散步的檢查重點

- ☑ **狗狗的健康狀況是否適合享受的樂趣？**
  散步時也要檢查走路的方式和排泄是否有異常。
- ☑ **天氣和濕度是否適合散步？**
  夏天要注意路面的高溫。
- ☑ **散步路線上是否有讓狗狗感到壓力的事物？**
  避開令狗狗害怕或危險的東西。
- ☑ **時間長短和運動量是否合適？**
  不宜過短，也不適合讓狗狗過度疲勞。
- ☑ **是否有讓狗狗開心的元素？**
  滿足牠衝刺和嗅聞的需求。有時也可以從其他毛爸毛媽那裡獲得零食。

\ 問題行為 /

行為

兩隻狗狗的步調差異過大，導致散步都很不滿意

發生時期

自從迎來第二隻狗狗以後

case 11

兩隻狗狗步調不同，很難一起散步

我們家有一對漂亮的巴哥犬姐妹。
華子 7歲
曉子 3歲
基本上，這兩隻狗狗相處得很融洽。
呼呼大睡～
好可愛～
但是…
要去散步了哦～
コーポOO

DATA

巴哥犬
母・7歲
（已絕育）

●同住家人：本人（40）、妻子（39）
●同住動物：巴哥犬・3歲・母
●過去病史：過敏
●居住環境：公寓（室內飼養）
●看家時間：平日8小時，週末沒有
●散步時間：早上20分鐘，晚上20分鐘

散步時會變成這樣，很讓人傷腦筋。
東張
西望
嗅
嗅
快步走
「你為什麼不走？」
一臉凶狠…
盯
喔…
曉子，妳走得太快了啦。
猛拉
猛拉

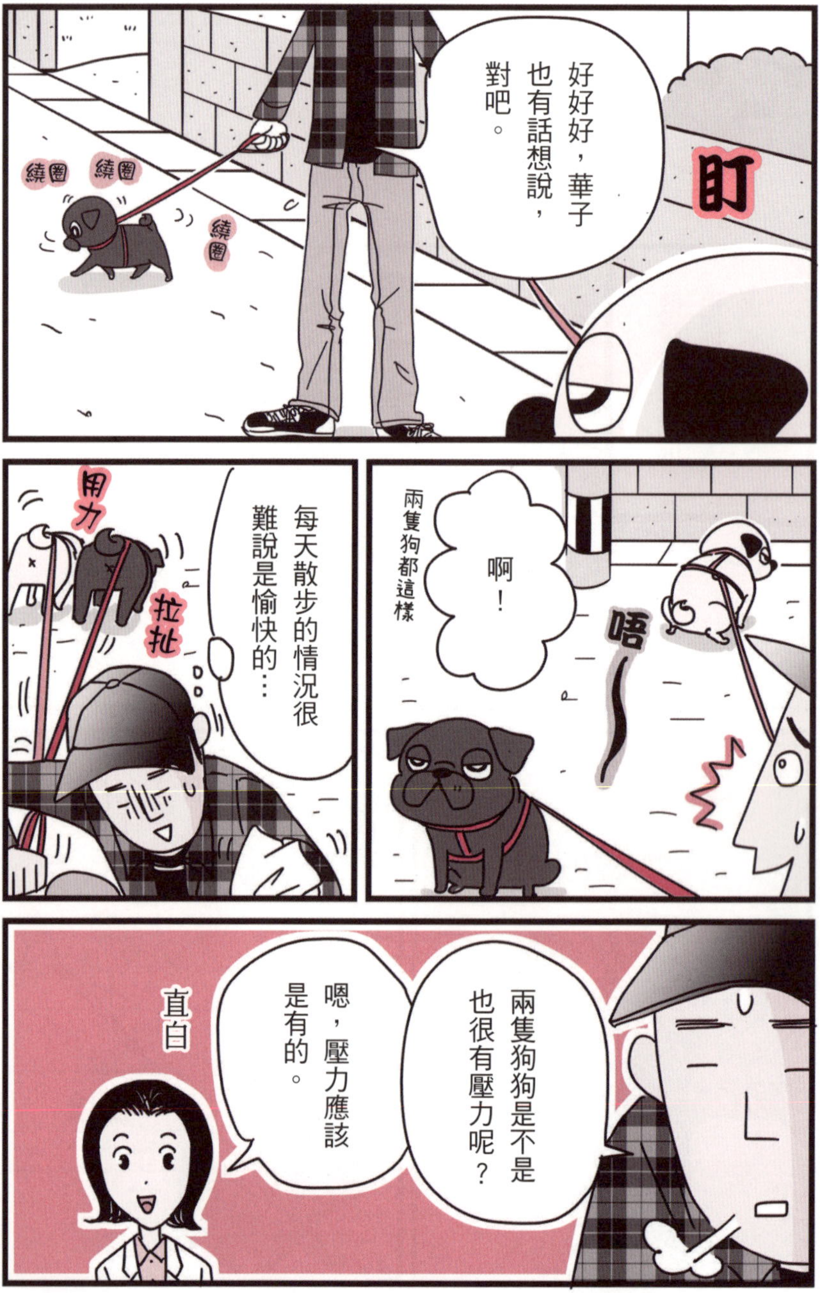
好好好，華子也有話想說，對吧。
盯
繞圈
繞圈
繞圈
兩隻狗都這樣
啊！
唔——
每天散步的情況很難說是愉快的⋯⋯
用力
拉扯
兩隻狗狗是不是也很有壓力呢？
嗯，壓力應該是有的。
直白

咦？
笑咪咪
人類在無法按照自己的步調行走時會感到煩躁，狗狗也是一樣的。
走好快
走好慢
悠間
快步走
這兩隻狗狗或許也在面臨各自的壓力。
曉子的不滿
・無法按照自己的步調走會感到煩躁
・等待華子的時間讓牠感到壓力
・無法充分消耗能量
・奔跑或運動的需求得不到滿足
3歲
華子的不滿
・被迫快走很容易累會感到壓力
・不喜歡被催促快走
・無法仔細地嗅聞喜歡的氣味而得不到放鬆
7歲
哇，華子和曉子的壓力來源完全不同呢⋯
畢竟年齡和個性都不一樣，不能因為是同一個品種就一概而論。

最好的解決方法是分別帶兩隻狗散步，不過…
快步走——♪
慢悠悠～
時間上是不是有點困難呢？
是的…
那麼，在一次散步中安排時間來適應兩隻狗狗各自的步調吧。
具體做法大概是這樣的。
散步開始
在車少的住宅區快步走
前往公園
在大馬路上讓狗狗跟著飼主走
公園內
慢慢散步，給狗狗盡情嗅聞
＊讓狗狗跟著走的訓練 第103頁
讓牠們跟著我走嗎…

散步困擾④

看你的反應，平時應該沒有這麼做吧？
一頓
應付兩隻狗狗已經很吃力了…
請多加練習
帶著多隻狗狗時，在交通繁忙或人多的道路上，讓牠們跟著飼主走是更安全的。
跟好喔。
讓7歲的狗狗強行快步走，可能會導致身體受傷。
再怎麼可愛也是高齡犬
要留意牠的步調！
原來如此…
至於3歲的狗狗，除了日常散步外，也要增加室內遊戲，來滿足牠的運動需求。

不能按照自己步調的散步反而是一種壓力

case 11

在同一次散步中融入適合每隻狗狗的步調和享受方式

多狗家庭通常會帶著狗狗們一起去散步。若牠們能以相同的步調行走，那就沒什麼問題。但當狗狗之間的年齡、體型和體力差異較大時，步調就會有所不同。

而每隻狗狗因為個性不同，享受散步的方式也都不盡相同，有的喜歡四處嗅聞，有的喜歡做標記，有的單純想要走路，有的想四處奔跑，有的是喜歡和其他狗狗互動。

若無法按自身步調行走，或是不能做自己喜歡的事情，對狗狗而言就不是舒適的散步。對於長時間待在家的狗狗來說，散步不僅能呼吸外面空氣，更是放鬆身心、刺激大腦的重要時光。若散步時有太多事情需忍耐，牠們會感到煩躁而累積壓力。最後可能會變得討厭散步。

最好的解決方法是分別帶每隻狗狗去散步，或是增加人手，一人牽一隻狗狗。這麼一來，狗狗就可以按照自己的步調行走，也可以在散步中享受各自的樂趣。這樣還能增加飼主與狗狗一對一的交流時間，強化飼主與狗狗之間的關係。這樣做還可能讓你發現平常同時照顧多隻狗狗時沒有注意到的事情。

然而，對於日常忙碌的飼主來說，分別帶每隻狗狗去散步可能比較困難。在這種情況下，**就像漫畫中介紹的那樣，建議在一次散步中分段融入每隻狗狗的步調。**短時間的快走對於高齡犬來說也是很有效的運動。

不過，對於年輕且運動需求強烈的狗狗來說，這樣的散步可能無法滿足牠們。如果運動不足，可能會出現吠叫或破壞等問題行為。若是覺得牠們的運動不足，可以考慮單獨帶其中一隻狗狗進行額外的散步，或是在室內進行球類遊戲等消耗體力的活動，後續跟進也是很重要的。

找出能讓
狗狗和飼主都好好
享受的方式吧！

解讀常見的狗狗行爲！3

常見行爲⑤

一出圍欄就四處亂竄

用全身來表現出圍欄的喜悅

狗狗可能是在表達從狹小的圍欄或籠子中出來的興奮和喜悅，或是在長時間保持固定姿勢後的身體伸展。
要是狗狗很快就停止繞圈跑，那就沒有什麼問題。但如果狗狗一直四處跑，或長時間無法平定興奮的情緒，有可能是運動不足或需求沒有被充分滿足的表現。
需要重新審視狗狗的生活環境，確保充足的運動量。

常見行爲⑥

倒立尿尿

向其他狗狗表現出自己強大的樣子

這種行為常見於小型犬和年輕的狗狗。這是一種標記行為，牠們會盡量在更高的位置尿尿，讓身體看起來更大，以此向其他狗狗（尤其是體型較大的狗）展示自己是一個強大的存在。
不僅公狗會這樣做，性格較強勢的母狗也會這樣做。不過，如果原本沒有這種行為的狗狗突然開始這樣做，可能是健康出了什麼問題，應該盡早諮詢獸醫。

第 4 章

排泄困擾

不出門就不尿尿、
室內廁所尿不準、興奮時漏尿……
讓我們一起探討如何應對這些狗狗的排泄問題。

問題行為

行為
總是尿在廁所外

發生時期
從小開始就一直這樣

case 12

每次尿尿都會對不準

噓——……
唉呀……黃豆粉，又尿在外面了。
黃豆粉自己覺得尿得很準呢。
得意
牠這麼高興，真讓人沒辦法生氣…
我尿好了——♡

DATA

臘腸犬
母・4歲
（已絕育）

●同住家人：本人（43）、長女（18）
●同住動物：無
●過去病史：無
●居住環境：公寓（室內飼養）
●看家時間：平日約8小時
●散步時間：早上15分鐘，晚上30～40分鐘

養臘腸犬的朋友們也都有這個困擾。
尿尿總是會尿到外面～
我們家也是——
已經放棄了——
有沒有什麼好辦法呀？
醫生～
好好好。
Long
因為臘腸犬身體很長，即使前腳在廁所裡，後腳也很容易超出廁所範圍。

狗狗可能還覺得自己是小時候的體型。
噓
噓
可是我就算換了更大片的尿布墊，牠還是會在邊邊尿尿。
噓
為什麼!?
往前一點
當狗狗靠近廁所時，妳可以從前方叫牠，讓牠四隻腳都踏在尿布墊上。
OK
此外，再加上「標的訓練」效果會更好。
在尿布墊上做個記號，練習引導狗狗在那裡尿尿。
在希望牠前腳踩的位置貼上膠帶或其他方式做標記。

用零食或指令來引導狗狗，
過來～
當牠把前腳踩在目標位置上時，
馬上給予獎勵並誇獎牠。
真乖♥
反覆練習後，狗狗就會記住尿尿時的「正確姿勢」。
挺直
這就是正確的姿勢嗎…

狗狗的後腿沒有完全踩在尿布墊上，可能是會因為滑而感到不舒服。
滑動
很容易站穩！
可以在尿布墊上鋪止滑墊。
這種止滑墊就算髒了也可以清洗。
踩穩
止滑墊
在圍欄內鋪滿尿布也是個不錯的方法。
把尿布墊鋪在裡面
再過來一點
適度引導牠全身都進入圍欄內。
原來如此

再進一步將動作與指令結合。
咦？
在狗狗快要排泄的時候，發出一定的指令。
尿尿
哦，對耶
起床後的上廁所時間
＊有關排泄的引導，見第147頁
指令（尿尿）
將腳放在記號上
排泄
好乖～
嘿嘿
狗狗排泄完要誇獎牠。
持續這麼做，牠就會慢慢熟悉整個流程。
加油!!
上廁所訓練要有耐心，慢慢來。
好！
我要告訴其他養臘腸犬的朋友們!!

case 12

讓狗狗記住不會尿到廁所外面的姿勢

將廁所設置在狗狗喜歡且舒適的位置開始

對於臘腸犬或柯基這類身體較長的犬種來說，經常聽到飼主反應牠們沒有完全踩在尿布墊上，結果尿在廁所外面。其實狗狗是誤以為牠們已經尿在尿布墊上了，所以不要責怪牠們，而是應該重新檢查廁所的設置位置。

首先要確認廁所的設置位置。若放在進出不易或使用不便的地方，狗狗就容易採取不自然的姿勢，導致身體超出廁所的機率變高。為了不妨礙到家人，許多家庭會把廁所設在走廊盡頭或洗手間的角落。然而，從狗狗的習性來看，「走過去排泄，再繼續前行」是比較自然的行為。因此，如果廁所設置的地方是需要在排泄後轉過身，再沿著原路離開的話，對狗狗來說是很不方便的。廁所應設在可直行的地方，會更符合狗狗的習性。

狗狗也會希望
能在安心的環境
舒服上廁所。

狗狗喜歡的廁所位置

☑ 不會被家人的視線和生活噪音所打擾

狗狗在排泄的時候是毫無防備的狀態，如果周圍有聲響或視線的話，牠們會本能地感到坐立不安。所以，狗狗在排泄的時候，不要一直盯著牠們看。

☑ 擺放在可以單向通行的地方

如右頁所述，狗狗走一走，排泄完，繼續往前走才符合牠們的習性。所以狗狗不太喜歡廁所設置在必須轉身往回走的位置。

☑ 遠離床

在野生時代，狗狗會在遠離睡眠區的地方排泄。家犬也同樣具有保持睡眠區域乾淨衛生的本能，因此應將廁所與睡覺的地方分開設置。

☑ 擺放在容易到達的地方

如果家具或門阻礙了前往廁所的動線，狗狗可能會失去上廁所的意願。檢查狗狗經常活動的空間到廁所的動線，例如，門打開時是否會妨礙狗狗前往廁所。

Next

case 12

透過適當的搭話來強化狗狗的行為

一旦確定了廁所的位置，就需要訓練狗狗採取正確的姿勢，以免排泄物落在尿布墊之外。這種情況下最有效的就是漫畫中介紹的「標的訓練」。訓練的重點在於，在狗狗將前腳放在目標位置上並保持正確姿勢的瞬間，就要趕快誇獎牠。飼主需要仔細觀察狗狗的動作並在適當的時機誇獎，這一點非常重要。

聽覺和視覺刺激也可以用來強化「將前腳放在正確位置」的行為。比方說，狗狗一天當中最常排泄的時間是睡醒後、吃飯後或玩耍後，固定對牠說「廁所」、「尿尿」等單字，當狗狗正確地在尿布墊上排泄時，可以給予誇獎或零食。經過反覆練習後，讓聲音和排泄行為聯繫起來，建立起「聽到『尿尿』」→「在尿布墊上尿尿（確實對準

尿布墊）」的流程。

在行為治療中，將正確的行動和獎勵連結在一起的聲音被稱為「橋接刺激」。這種方法不僅適用於如廁訓練，也可用於教導狗狗適當的行為和指令練習等。

指令練習中的「橋接刺激」

1. 飼主發出指令

↓

2. 狗狗做出期望中的行為（聽從指令）

↓

3. 用「OK」等簡短且肯定的詞語誇獎 —— 橋接刺激

↓

4. 給予獎勵

對狗狗來說，❸是「做出正確行為」的信號，有助於填補行為與獲得獎勵之間的時間延遲。可以使用「響片」這種道具來代替言語。響片在按下按鈕時會發出「咔噠」聲，這種聲音能讓狗狗明白「剛才做的行為是正確的」。

\ 問題行為 //

行為
只肯在外面大小便，天氣不好也要去散步

發生時期
從幼犬時期開始就一直這樣

case 13

無論如何都要在外面上廁所

DATA

黃金獵犬
公・8歲
（已絕育）

●同住家人：本人（48）、妻子（47）、長男（19）、次男（16）
●同住動物：無
●過去病史：幼犬時期患有外耳炎
●居住環境：獨棟住宅（室內飼養）
●看家時間：平均6小時，週末不固定
●散步時間：早上30分鐘，晚上1小時左右

感受得到雷蒙德給的壓力…
是要出門對吧？我都懂♥
リード
雖然不尿尿對身體不好啦。
在大雨天或颱風天出門真的很辛苦。
嘩啦——
走，我們去尿尿！

老年時期的
散步
……
看家時
不尿尿
憋尿中
啊～早知道就該
讓牠練習在室內
上廁所的！
現在開始也
不遲哦！
醫生!?
在下雨耶!?
笑咪咪
MY
HOME
狗狗覺得家裡是自己
的領地，不想在領地
排泄是狗狗的天性。

說是這麼說，如果能學會在室內大小便的話，狗狗的老年生活也比較放心。
四肢肌力變弱後，要散步也會很困難…
虛弱
首先要考慮的是廁所的大小和形狀。
如果這兩點都能符合狗狗的喜好，狗狗願意使用廁所的可能性就會提高。
這樣啊…
適合狗狗體型的大小
剛剛好
符合狗狗喜好的形狀
我家的狗狗是超過30公斤的大型犬，也有適合牠的尺寸嗎？
重磅登場
只要找一找，會發現有很多選擇哦。

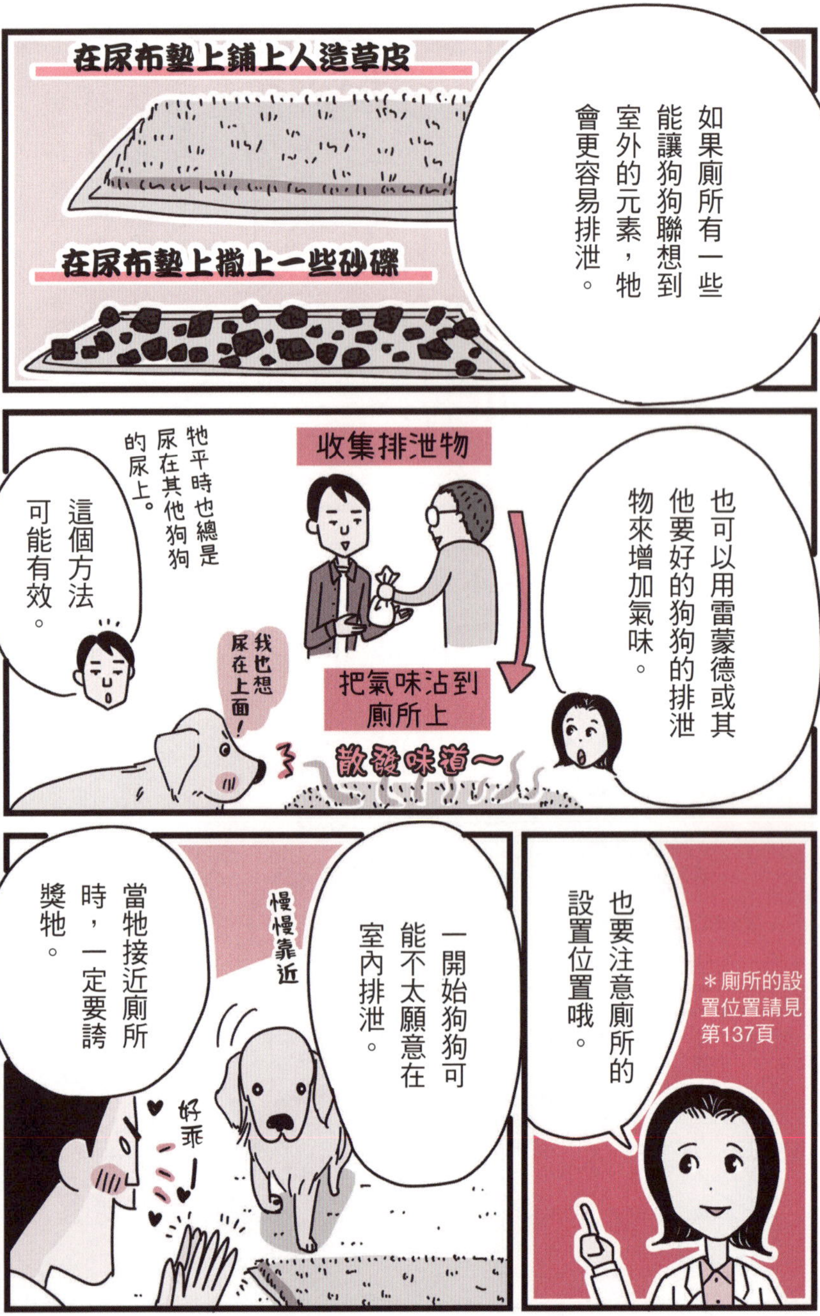
如果廁所有一些能讓狗狗聯想到室外的元素，牠會更容易排泄。
在尿布墊上鋪上人造草皮
在尿布墊上撒上一些砂礫
也可以用雷蒙德或其他要好的狗狗的排泄物來增加氣味。
收集排泄物
把氣味沾到廁所上
散發味道～
我也想尿在上面！
牠平時也總是尿在其他狗狗的尿上。
這個方法可能有效。
也要注意廁所的設置位置哦。
＊廁所的設置位置請見第137頁
一開始狗狗可能不太願意在室內排泄。
慢慢靠近
當牠接近廁所時，一定要誇獎牠。
好乖！

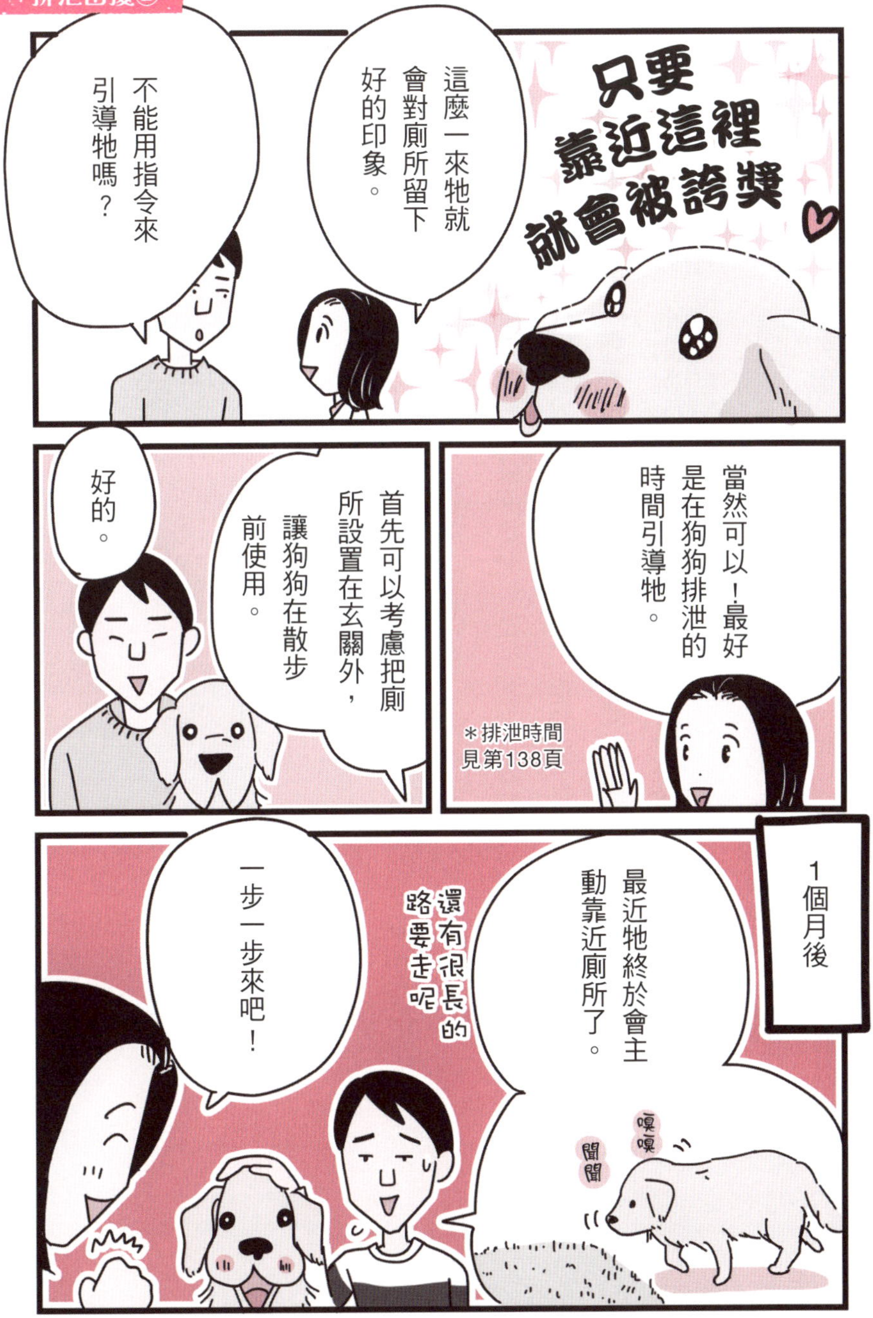
不能用指令來引導牠嗎？
這麼一來牠就會對廁所留下好的印象。
只要靠近這裡就會被誇獎
當然可以！最好是在狗狗排泄的時間引導牠。
＊排泄時間見第138頁
首先可以考慮把廁所設置在玄關外，讓狗狗在散步前使用。
好的。
1個月後
最近牠終於會主動靠近廁所了。
嗅嗅
聞聞
還有很長的路要走呢
一步一步來吧！

狗狗靠近廁所就誇獎牠！多重複幾次來強化行爲

case 13

廁所的形狀、大小和擺放位置要符合狗狗的喜好

由於狗狗只在外面排泄，即使在颱雨天也必須帶牠出門散步……這種情況在大型犬和日本犬中很常見，有時也會出現在吉娃娃和玩具貴賓犬等小型犬身上。還有一種情況是，幼犬時期會在室內排泄，但開始散步後卻只肯在外面排泄。

喜歡在外面排泄，是狗狗不想弄髒自己重要領地的習性，所以是很自然的行為。雖然這不算是問題行為，但考慮到老年犬四肢肌力會變弱，或者在天氣不好時無法出門的情況，訓練狗狗學會在室內排泄能讓人更放心。

先為狗狗找到牠不會抗拒的尿布墊、便盆。如果要讓長期在室外排泄的狗狗練習在室內上廁所的話，使用模仿室外環境的人造草皮類型可能會比較容易適應。尿盆的形

狀有分平面型和側邊豎起的，對於習慣在外面抬腿尿尿的狗狗來說，側邊豎起的尿盆可能會更適合。

室內廁所應該設置在狗狗容易使用的地方。廁所設置好以後，狗狗通常就會主動去探索。當狗狗靠近廁所嗅聞時，就可以給予零食或言語誇獎，反覆進行幾次後，狗狗便會逐漸學會「靠近這裡就會被誇獎」。

同時，在狗狗排泄的時間引導牠到廁所，並使用指令，讓狗狗把廁所區域與排泄行為連結起來。即使狗狗看起來想去散步（想出門排泄）時，也把牠引導到廁所，並在牠靠近或嗅聞時誇獎牠，來強化這種行為。

儘管如此，狗狗上了年紀後，還是不建議強求牠們在室內廁所排泄，可以使用尿布或接受牠偶爾的尿失禁。嘗試使用看護用品，或聘請專業的寵物照護員，也能讓飼主輕鬆一些。

第一目標是
讓狗狗願意接近
室內廁所。

\ 問題行為 //

行為

看到飼主回家或客人就會開心到漏尿

發生時期

接回家至今

case 14

看到主人回家就開心到漏尿

DATA

米克斯
（吉娃娃×臘腸犬）
公・10個月
（未絕育）

●同住家人：本人（28）、母親（54）
●同住動物：無
●過去病史：無
●居住環境：公寓（室內飼養）
●看家時間：8小時左右
●散步時間：早上10分鐘，傍晚30分鐘

雖然我很高興牠迎接我回家啦。
但牠偶爾會踩到自己的尿，
什麼？
啊
或是客人來的時候也會開心到漏尿，有點讓人傷腦筋啊。
噓
歡迎
喜歡人也喜歡狗
有沒有什麼好對策呢？

開心到漏尿是一種叫做「興奮性排尿」的排泄行為。
好開心！
好想主人
在飼主外出後，再次見到飼主時，喜悅會爆發，導致牠極度亢奮。
不過，也有可能是泌尿系統的疾病，所以不要急於認定是開心到漏尿，應該先去動物醫院做檢查！
動物病
如果身體方面沒有問題的話，就可以認為是開心到漏尿。
非常健康！
那要怎麼做才能改善呢？

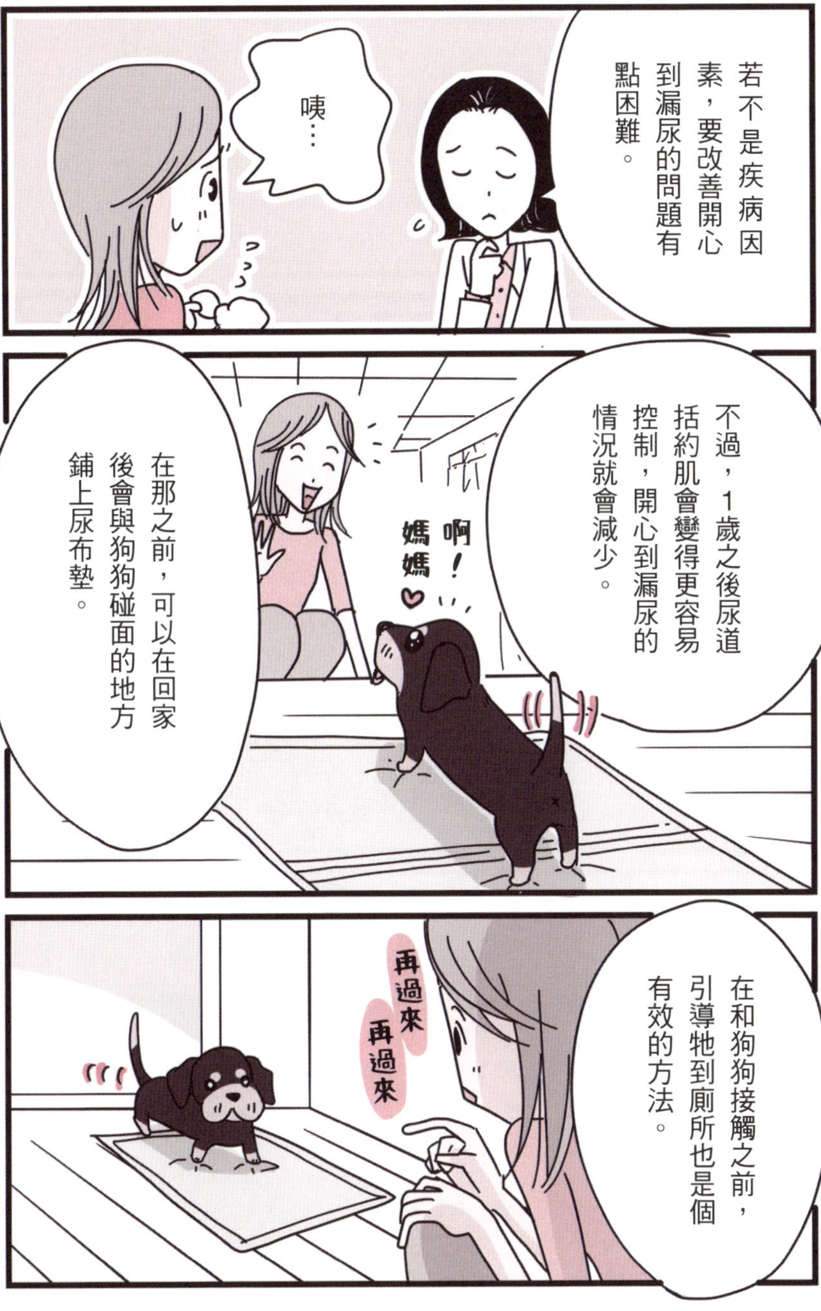
若不是疾病因素，要改善開心到漏尿的問題有點困難。
咦…
不過，1歲之後尿道括約肌會變得更容易控制，開心到漏尿的情況就會減少。
啊！媽媽
在那之前，可以在回家後會與狗狗碰面的地方鋪上尿布墊。
在和狗狗接觸之前，引導牠到廁所也是個有效的方法。
再過來
再過來

有時候，也有可能是飼主在助長狗狗的興奮狀態。
咦……？
我回來了—
回家後大聲打招呼和誇張的肢體動作，都會讓狗狗更加興奮。
全部都有親身經歷的人
啊……
佐助～
汪汪
汪汪
進入有狗狗的房間時盡量保持安靜，如果牠開始吠叫，就要徹底無視！

平時就要誇獎並強化狗狗穩重的行為。
就像這樣
哦—
練習坐下或趴下，只要狗狗做到就誇獎牠。
在籠子或外出籠裡安靜地待著時誇獎牠。
安靜地自己玩耍時誇獎牠。
誇獎時要盡量保持溫柔、溫和的聲音。
真乖～
停止吠叫時要誇獎牠。
我也推薦去參加狗狗教養課程。
對於狗狗和飼主都是學習控制興奮的好地方。
感覺很好玩呢！

應對開心到漏尿的方法就是讓狗狗保持冷靜

case 14

狗狗漏尿都是無意識的，所以很難引導牠們到廁所

「開心到漏尿」是指狗狗在情緒激動時會漏尿的情況。通常會發生在飼主回家、有客人拜訪等容易讓狗狗感到高興的時候，所以通稱為「開心到漏尿」。有些狗狗會排出正常的尿液量，而有些狗狗只是漏幾滴而已。

不同於在廁所外面尿尿的問題行為，狗狗開心到漏尿時通常是無意識的，所以很難訓練牠們主動去廁所。此外，狗狗在漏尿時並沒有採取排泄姿勢，所以狗狗自己可能也沒有發現自己漏尿了。飼主或家人也可能因為沒注意到而不小心踩到尿液，而讓受害範圍擴大。

開心到漏尿最常發生在幼犬身上。由於幼犬的尿道括約肌尚未發育成熟，無法控制排尿，因此年紀較小的幼犬更容易漏尿。大多數開心到漏尿的情況會在狗狗1歲後大

排泄困擾③

當狗狗興奮時，
會導致牠們
無意識地漏尿。

幅減少，但對於容易興奮的狗狗來說，這個問題可能會一直存在。

最好的預防措施是不讓狗狗過度興奮。若飼主回家時狗狗頻繁因開心而漏尿，可在牠冷靜下來之前不讓牠離開圍欄或籠子。常見的情況是，喜歡狗狗的客人與狗狗玩耍時，狗狗因為興奮和高興而漏尿。為了防止狗狗養成此壞習慣，客人來訪前應提醒「狗狗會因太開心而漏尿，請勿讓牠過度興奮」。

此外，與同住的狗或其他動物玩耍時，因為興奮而漏尿的情況也會發生。如果看到狗狗快要興奮起來，應該將牠們分開，並讓牠們冷靜下來，避免牠們在飼主的視線範圍外玩耍。

千萬不要大聲責罵或去打因興奮而漏尿的狗狗。因為這是狗狗無意識的行為，狗狗可能無法理解為什麼被罵，進而對飼主產生不信任和恐懼。

常見行爲

解讀常見的狗狗行爲！4

常見行爲⑦

排泄後用後腳刨地

為了隱藏自己的存在

在野生時期，狗狗為了不讓敵人察覺到自己的存在，會掩蓋排泄物的氣味。因此這個行為被認為是牠們的本能之一。此外，在常去的地方排泄時，狗狗會將腳底汗腺分泌的獨特氣味散布在排泄物周圍，以宣示自己的領域。如果這種行為過度頻繁或突然增加，可能與壓力或不安有關，建議飼主要多加留意。

常見行爲⑧

看著飼主的臉，嘴巴一張一合

有著喜悅、信任、需求等多種含義

狗狗在興奮或開心時可能會表現出這種行為，例如零食時間或散步時。這被認為是向飼主表達信任的一種行為。另一種可能性是狗狗想引起飼主的注意。在這種情況下，通常是狗狗想要向飼主表達一些需求，像是「想玩耍」或「餓了」。

第 5 章

管教困擾

管教問題也是許多狗狗飼主常見的煩惱。
訓練進展不順利、不聽從指令等問題，
都可以透過動物行為學的方法來應對。

case 15

\ 問題行為 /

行為
趁沒人在家時把尿布墊咬碎

發生時期
出生4個月左右開始

趁沒人在家時，咬破尿布墊

我和心心念念許久的迷你杜賓犬開始共同生活了！
命名
巴迪
公狗 10個月
給牠取了一個在德國很受歡迎的名字
精力充沛又頑皮的巴迪真是太可愛了。
只不過，有個令人困擾的問題…
今天又做了這種事…

DATA

迷你杜賓犬
公・10個月
（未絕育）

●同住家人：本人（25）、丈夫（26）
●同住動物：無
●過去病史：無
●居住環境：獨棟住宅（室內飼養）
●看家時間：平日7～8小時
●散步時間：早上10分鐘，晚上20分鐘

那就是牠會在獨自在家時咬碎尿布墊。
一片狼籍
他也不肯用尿盆。
就是討厭!!
這樣下去，牠有可能會誤吃咬碎的尿布片…
搜尋中…
哇…
誤食意外CASE

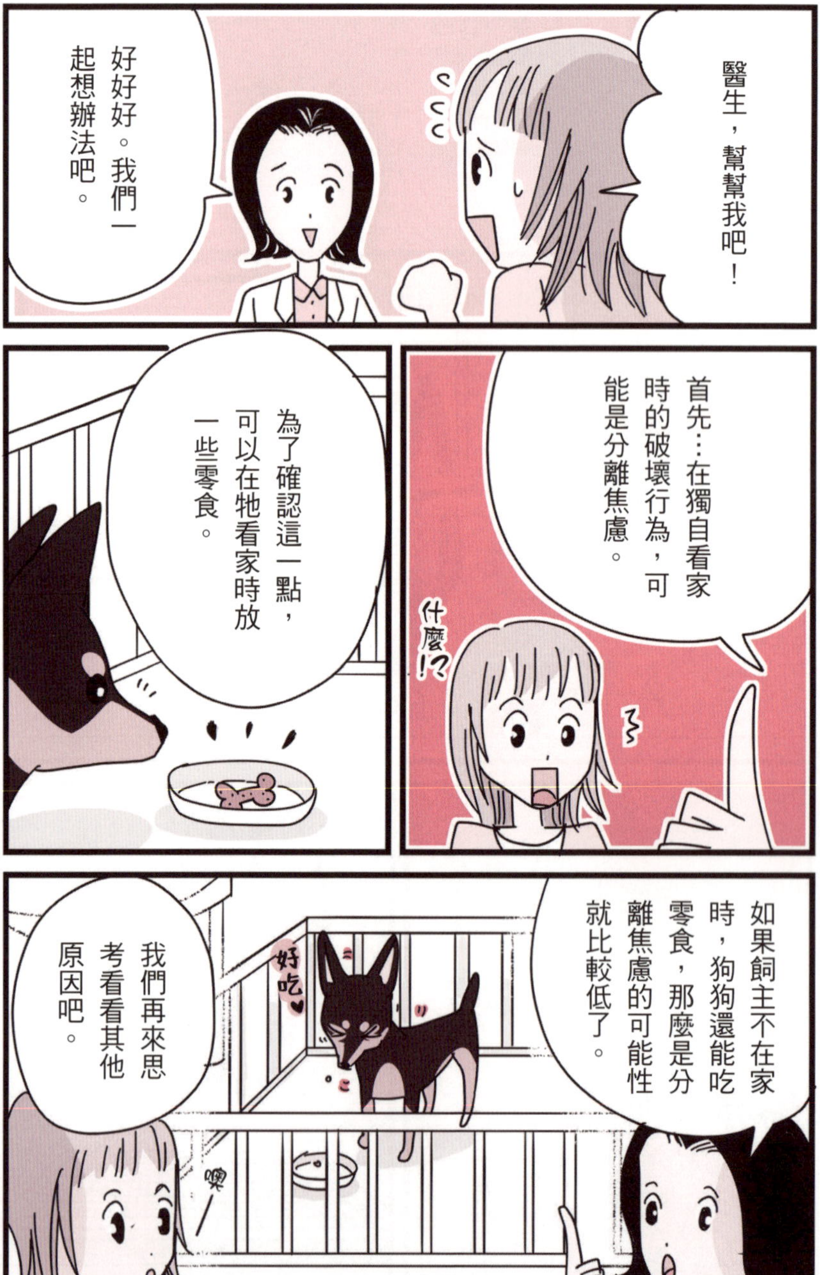
醫生，幫幫我吧！
好好好。我們一起想辦法吧。
首先…在獨自看家時的破壞行為，可能是分離焦慮。
什麼!?
為了確認這一點，可以在牠看家時放一些零食。
如果飼主不在家時，狗狗還能吃零食，那麼是分離焦慮的可能性就比較低了。
好吃
我們再來思考看看其他原因吧。
噢

妳有在圍欄裡放玩具嗎？
我是有放幾個。
不過…他好像沒什麼興趣。
好無聊…
可能玩具不是他喜歡的類型吧。
還有這種事嗎？
不喜歡這個…
玩具有很多種類和形狀。
乳膠玩具
娃娃
食具
藏玩
幫巴迪找到牠喜歡的玩具吧。
咬咬
咬咬

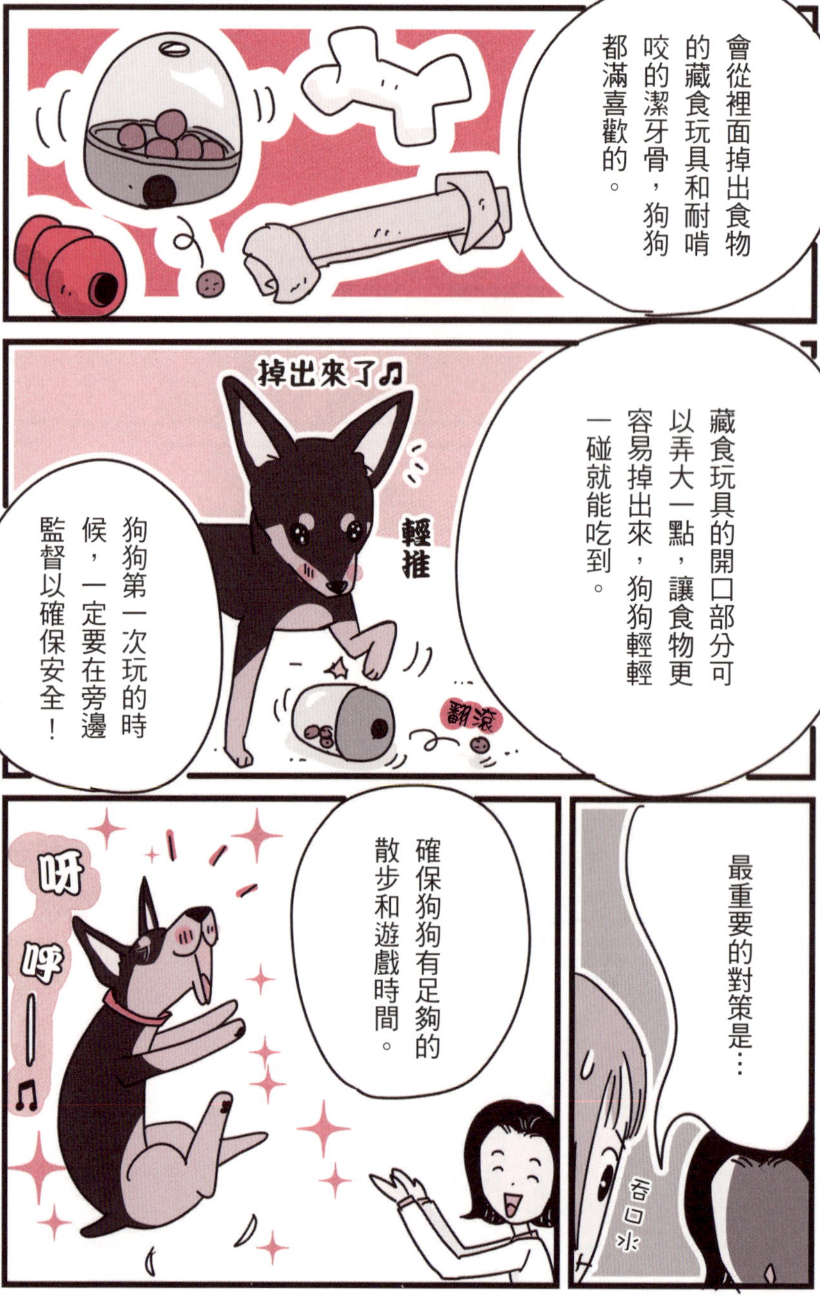
會從裡面掉出食物的藏食玩具和耐啃咬的潔牙骨，狗狗都滿喜歡的。
掉出來了♫
輕推
翻滾
藏食玩具的開口部分可以弄大一點，讓食物更容易掉出來，狗狗輕輕一碰就能吃到。
狗狗第一次玩的時候，一定要在旁邊監督以確保安全！
最重要的對策是…
吞口水
確保狗狗有足夠的散步和遊戲時間。
呀呼——♫

滿簡單的呢。
是的，很簡單的。
迷你杜賓犬是一種活潑的犬種，
需要大量的運動。
早上10分鐘和晚上20分鐘的散步時間有點不太夠呢。
我知道了…
可能是因為精力過剩，所以才會玩尿布墊。
我要玩耍!!

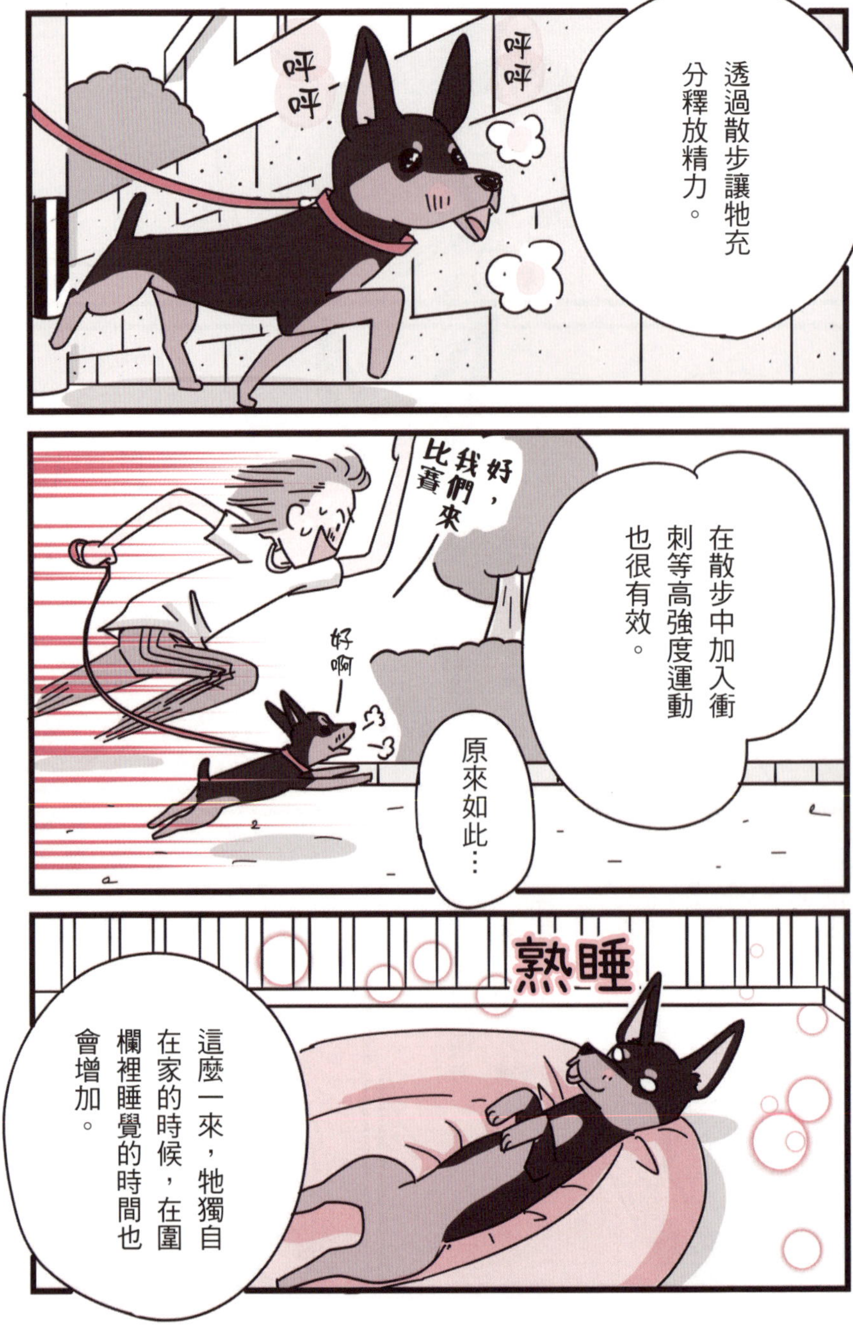

透過散步讓牠充分釋放精力。
呼呼
呼呼
在散步中加入衝刺等高強度運動也很有效。
好，我們來比賽
原來如此…
好啊
熟睡
這麼一來，牠獨自在家的時候，在圍欄裡睡覺的時間也會增加。

除此之外，還有這樣的對策。
擴大看家時的空間
用圍欄圍出更大的空間。這樣狗狗可以多些活動空間，對尿布墊的興趣就會減少。
使用尿盆或可洗式寵物墊
不使用尿布墊，改用不易撕咬的寵物墊或防破壞的尿盆。這些用品很多都是可以反覆清洗的。
哦～
我會試試看的！
2個月後
哼哼！
最近牠幾乎不咬尿布墊了！
我把散步時間增加到兩倍！
還整理了家裡，改用更大的圍欄！
順便做了一次斷捨離
牠都在裡面睡得很熟。
讚

準備有吸引力的玩具
降低狗狗對尿布墊的興趣

case 15

使用尿盆或可洗式寵物墊，從物理層面防止狗狗啃咬的方法也很有效

尿布墊是狗狗在室內排泄時的必需品，但也有不少狗狗會把它當作玩具。撕咬尿布墊的情況在幼犬時間是很常見的，而隨著牠們長大，這種行為會減少。飼主們往往會認為狗狗只是頑皮而睜一隻眼閉一隻眼，但狗狗卻有可能意外誤食，所以應該要及早應對。

狗狗撕咬尿布墊的原因很多，大多是因為「把它當作玩具替代品」。咬一口發現很好咬，或是咬的時候飼主有反應，這些經驗都會讓狗狗更加喜歡咬尿布墊。

狗狗咬尿布墊的主要原因

- ☑ 尿布墊看起來是魅力十足的玩具
- ☑ 沒有其他可以咬的東西，所以拿來咬
- ☑ 精力過剩需要發洩
- ☑ 吃飽太閒沒事做

最有效的預防方法是使用防破壞的尿盆，從物理層面讓狗狗無法再咬尿布墊。有些狗狗不喜歡腳底踩在塑膠網格上的觸感，但如果從幼犬時期就開始使用的話，牠們會逐漸習慣。

最近，市面上有許多高吸水性且可以反覆清洗使用的寵物墊。這些寵物墊比尿布墊更厚、更難咬破，是防止狗狗撕咬的有效方法。

此外，為了減少狗狗在看家時感到無聊的時間，可以準備一些需要花時間玩的藏食玩具和耐啃咬的潔牙骨。找出狗狗喜歡的藏食玩具非常重要。剛開始使用藏食玩具時，可以讓食物更容易掉出來，或是讓狗狗輕易看見內容物，充分降低難易度，使狗狗累積成功經驗。

同時，訓練牠們在籠子裡安靜地待著也很有效。當狗狗在籠子裡溫順地待著時，要誇獎牠們「好乖」。

誤食是很可怕的，
不要放任不管，必須
盡快採取措施！

＼問題行為／

行為
沒有獎勵狗狗就不願意「坐下」或「等一下」

發生時期
大約2年前

case 16

沒有零食就不肯聽從指令

現在我們家是我們夫妻倆和柴犬心春一起生活。
孩子們獨立後，心春填補了我們心中的空缺。
每天，我們都覺得心春可愛得不得了。

DATA

柴犬
母・6歲
（未絕育）

●同住家人：本人（61）、丈夫（66）
●同住動物：無
●過去病史：無
●居住環境：公寓（室內飼養）
●看家時間：平日半天左右
●散步時間：早上和傍晚20～30分鐘

但是最近有點煩惱⋯
沒有零食的時候，心春開始不聽指令了。
唉⋯
哎呀
有零食的時候
沒有零食的時候
坐下
唰
坐下
零食
呼～

有時候，聽從完指令發現沒有零食，心春還會吠叫要求。
零食呢？
汪
汪
在緊急情況下，如果牠不聽從指令的話會很危險吧…
坐下!!
等一下!!
飛快奔跑
這種情況是大約從兩年前開始的，生活上有發生什麼變化嗎？
剛好是孩子們獨立的時候。

難不成…從那時候開始妳對心春變得更加溺愛了嗎？
一顫
可愛的心春～
要吃零食嗎～？
……
突然受寵，心春的心境可能也會有變化。
牠會吠叫，可能是因為曾經這麼做就能得到零食。
汪
汪
只要要求就能得到零食！
汪

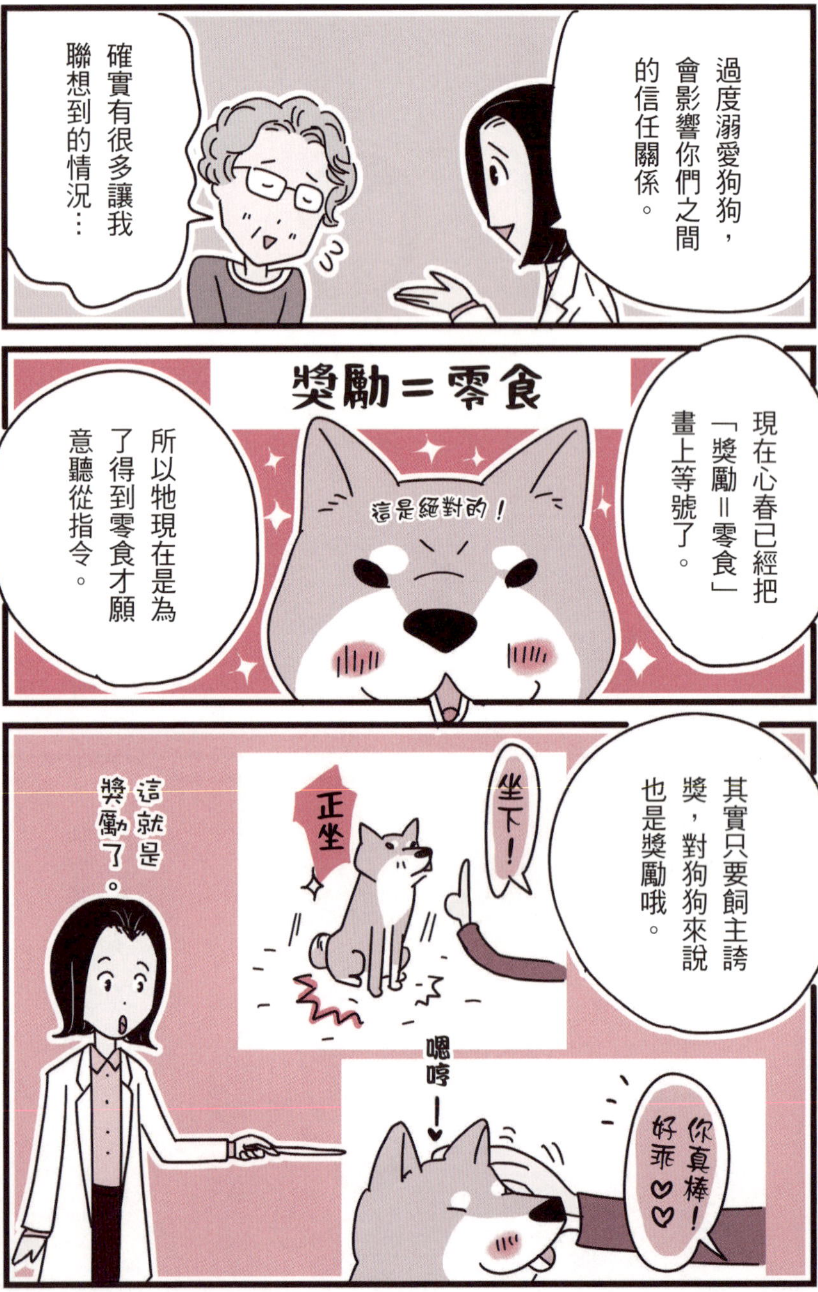
過度溺愛狗狗，會影響你們之間的信任關係。
確實有很多讓我聯想到的情況…
獎勵＝零食
現在心春已經把「獎勵＝零食」畫上等號了。
這是絕對的！
所以牠現在是為了得到零食才願意聽從指令。
其實只要飼主誇獎，對狗狗來說也是獎勵哦。
坐下！
正坐
這就是獎勵了。
嗯哼
你真棒！好乖♡♡

讓我們來重置心春對於「獎勵＝零食」的認知吧。
要怎麼做呢？
增加獎勵的種類。
獎勵MENU
誇獎
零食
玩具
遊戲
散步
……
聽從指令
坐下
正坐
透過隨機給予獎勵來讓狗狗明白，
並不一定每次都能獲得零食，也有可能是玩具或誇獎等其他東西。
這次會是什麼呢～♪
得到零食
好乖～♥
被誇獎
得到玩具
一起玩耍
散步

反覆練習心春已經理解的指令就可以了。
我做得到!!
我很擅長!!
還有一件重要的事情是…
好開心啊
在誇獎和玩耍的過程中，飼主要表現出愉快的心情。
這麼一來心春就能感受到樂趣，這也會成為一種獎勵。
這是開心的事…
媽媽很高興…

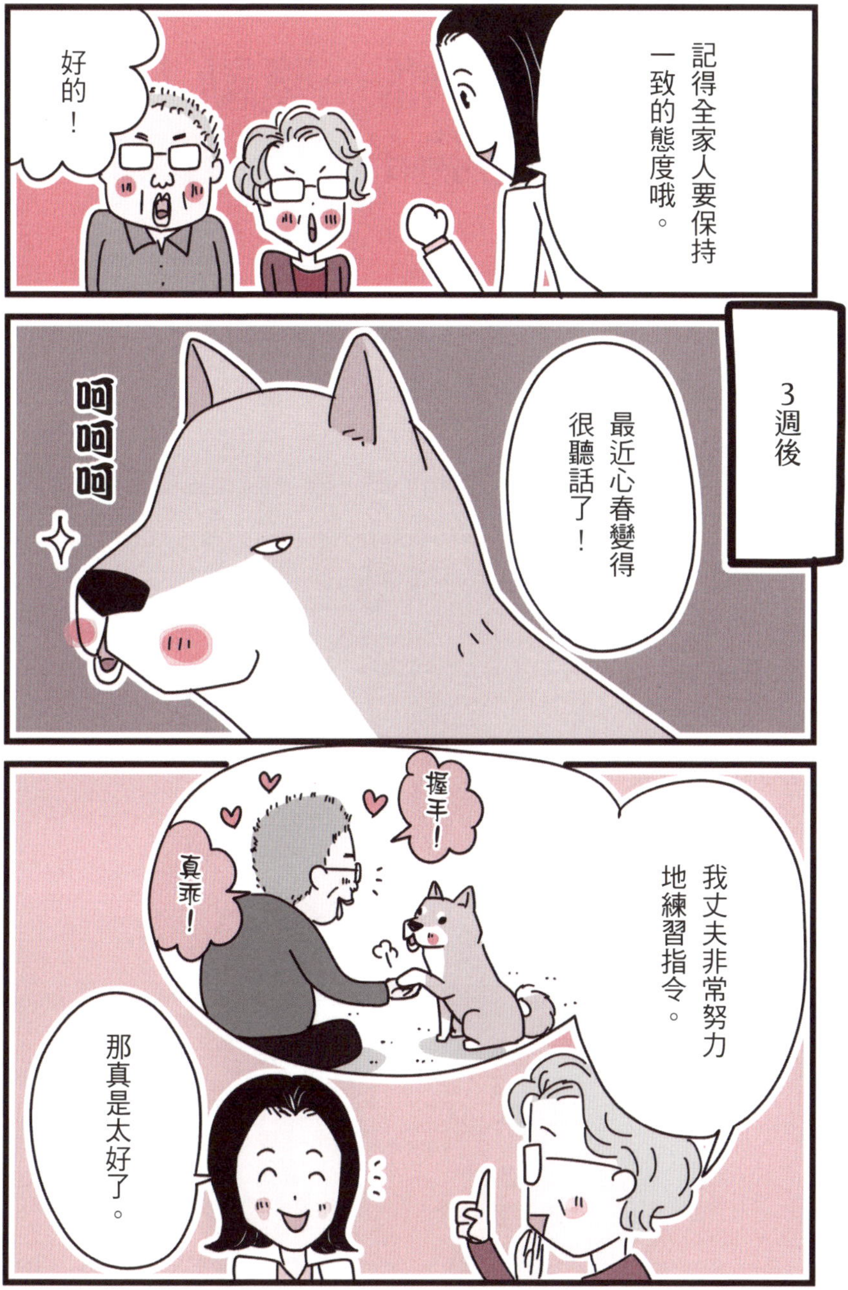
記得全家人要保持一致的態度哦。
好的！
3週後
最近心春變得很聽話了！
呵呵呵
我丈夫非常努力地練習指令。
握手！
真乖！
那真是太好了。

零食不是唯一獎勵！增加更多狗狗的獎勵種類吧

case 16

如果與狗狗建立良好的關係，誇獎的話語也能成為獎勵

我經常聽到人們說「我家的狗狗沒有獎勵就不聽話」這樣的話。在這種情況下，所謂的獎勵通常指的是零食。狗狗已經習慣了「聽從坐下的指令後就能得到零食」。

只用零食作為獎勵，對於狗狗和飼主的關係來說是不夠的。如果建立了穩固的信任關係，誇獎的話語對狗狗來說也是足以讓牠開心的獎勵。

其中也有些狗狗，一旦得不到零食就會吠叫。如果長期放任，要求吠叫可能會更加嚴重，所以要及早應對。

首先要做的是增加獎勵的種類。在和狗狗進行訓練時，除了零食以外，經常作為獎勵的手段還包括誇獎（用言語稱讚或撫摸）、給予玩具、陪玩等。

當然，獎勵是要給狗狗喜歡的東西。如果給狗狗一個牠不喜歡的玩具，那就稱不上是獎勵了。此外，光是用誇獎的話語是不夠的，狗狗必須感受到飼主的話語是令人愉快的，這樣才能算是獎勵。

所以，日常練習指令是必要的。反覆練習狗狗已經理解的基本指令，並在牠做對時誇獎。在這個過程中，飼主表現出愉快的氛圍也很重要。看到這種情況，狗狗會意識到「這是開心的事情」、「主人高興我就高興」。

當狗狗自己咬玩具玩時，也要以愉快的氛圍積極誇獎牠，讓狗狗覺得「我在做會讓主人高興的事情」、「這是一件開心的事情」→「因為很開心，所以下次也要做」。如果狗狗覺得和飼主玩耍或咬玩具是有趣的，就算沒有零食，這也會是一種獎勵。

Next

case 16

隨機給予的獎勵，可以提升狗狗的雀躍感

雖然前面提過除了零食外也要有其他獎勵，但狗狗聽從指令時，不必每次都給予獎勵。不規則給予獎勵會讓狗狗持續保持「下一次會有獎勵嗎？」的雀躍感，並開始思考「下一個指令是什麼？」、「這次應該有獎勵吧？」

例如，不是每次發出「坐下」的指令都會給予獎勵，有時給、有時不給。就算有給予獎勵也要隨機變換，包括誇獎、零食、玩耍等不同種類的獎勵。

有些家庭的指令是固定流程的，例如，坐下↓握手↓等一下↓趴下，有些狗狗會把這一連串的指令記住，就算不一一說出來，牠也會一口氣完成所有指令。應該要讓狗狗單獨執行單一指令，或是改變指令的順序，讓牠們認知到每個指令都是獨立的。

與狗狗
相處的時間越長，
彼此間的羈絆
也會越深。

適時誇獎狗狗，才能獲得牠的信任

家庭中通常會有狗狗願意聽從指令的人，也有狗狗不願意聽從的人。若狗狗只服從特定家庭成員，這與相處時間和品質有關。願意照顧、長時間陪伴狗狗的人，會更容易獲得牠們的信任。

如果你覺得狗狗好像不聽話，首先應該要增加與狗狗相處的時間，努力獲得牠的信任。除了日常照顧之外，練習指令也很有效。**適時誇獎狗狗的次數越多，就越能獲得牠的信任。**

這種情況下，家人之間要統一指令。採用相同的指令和獎勵，狗狗會更容易理解每個家庭成員的指令都是同樣重要的。建立信任需要時間和一致的態度。**隨著飼主投入的時間增加，狗狗服從指令的次數也會增加。**

\\ 問題行為 //

行為
領養來的狗狗一直教不會

發生時期
半年前領養回來至今

case 17

領養回來的狗狗總是教不會

唔……
你在煩惱什麼嗎？
半年前我領養了一隻收容所的狗狗。
這是我第一次領養狗狗。
只不過，這孩子…

DATA

米克斯
（父母品種不明）
公・5歲
（已絕育）

●同住家人：本人（45）、妻子（44）、長男（13）
●同住動物：無
●過去病史：進收容所時掉毛、外耳炎
●居住環境：獨棟住宅（室內飼養）
●看家時間：自營業，基本上都有人在家
●散步時間：早上10分鐘、中午10分鐘、晚上10分鐘

不會在室內上廁所
牠之前似乎沒有接受過上廁所、基本教養和散步的訓練。
不喜歡散步
トイレ
坐下
不懂指令
領養牠3個月以後，牠終於會從我的手裡吃零食了。
咬住
哦
現在我都是用零食來練習散步。
走吧

但我會想，我真的有必要教瑞奇學會「坐下」或「等一下」嗎？
戰戰
兢兢
盡情奔跑
與其那樣，我更希望牠能過上快樂的生活。
悠閒睡覺之類的
這樣啊⋯⋯
但我覺得你這麼想就不對了。
唬
直白
有些人會覺得練習指令是飼主強加在狗狗身上的行為⋯⋯
給我這麼做！
是給人這種感覺嗎？

包括上廁所訓練和練習散步在內，
這些都是維持狗狗衛生且健康的生活不可或缺的。
會在廁所裡排泄
噓—
享受散步
原來如此。
等一下
聽從飼主的指令
哪怕牠很亢奮，也可以透過聽從指令冷靜下來。
這對於顧及周遭的人和安全方面也很有幫助。
呼—
我要冷靜下來
坐下
此外，練習指令還有助於增進與狗狗之間的親密。

如果能在練習中掌握指令，就有更多機會可以誇獎狗狗。
適時地被誇獎過後，狗狗會越來越喜歡飼主。
被誇獎了
好開心♡
彼此也更容易建立起信任關係。
這個人值得信任
真乖♥
瑞奇以前也沒什麼被誇獎的機會吧？
確實！
希望你能多多誇獎牠。

好無聊…
我還想再多做一點!!
練習指令的鐵律
把簡短的練習分成好幾段
合計時間控制在5分鐘以內
狗狗成功完成指令後，以誇獎結束練習。
指令的用詞要一致
（不要混用「坐下」和「sit」等不同表達方式）
訓練時間要短，基本上要在狗狗厭倦之前結束。
上廁所訓練和散步練習也要耐著性子繼續下去哦。
是在說我嗎…？
好！我會盡量有耐心地試試看。
牠會成為家裡的一分子都是緣分。
我也想多多誇獎瑞奇，與牠建立起良好的關係。
加油哦！

case 17

狗狗領養回家的那天起就開始教養

讓牠們學會在人類社會中安全生活的基本規則

近年來，越來越多家庭選擇以領養代替購買。有些流浪過的狗狗沒有在適當的環境中成長，也從未經歷過散步或教養的訓練。

有些家庭認為這些狗狗以前生活在惡劣的環境中，所以不希望強迫牠們學習指令，只要過著悠閒的生活就好。

然而，教養和訓練是為了「讓狗狗學會在人類社會中幸福生活的規則」。同時，也能「保護狗狗和周圍環境的安全」。因此，把狗狗領養回家的那一天起，就應該逐步開始訓練。

應教導狗狗的最低限度規則

- ☑ 不攻擊人類或其他動物
- ☑ 在指定的地方上廁所
- ☑ 隨時隨地能夠執行「坐下」和「等一下」的指令
- ☑ 飼主呼喚時會回到飼主身邊

有些收容所的狗狗可能會害怕人類，即使是輕微的刺激也會感到恐懼。在這種情況下，首先要打造一個令牠們感到安全的地方，例如籠子。如果牠們會害怕人的視線，可以在籠子上蓋上布，這樣更容易讓牠們平靜下來。

如果靠近時牠會害怕，請以平靜的動作慢慢接近。站著的姿勢會讓牠們感覺像是被籠罩，很容易引發恐懼，所以應該蹲下或彎腰，與狗狗保持同樣的視線高度。此外，不要用過大音量或低沉的聲音說話，盡量用平穩的語調輕聲溝通。在話語中加進狗狗的名字也是個不錯的方法，比如說，「〇〇，沒事的。」、「〇〇，不怕不怕。」

收容所的狗狗適應新環境所需時間因個體而異，花上好幾個月的情況也不罕見。前幾週變化最多，是壓力較大的時期。固定吃飯、散步、玩耍和休息時間，建立規律作息，能讓狗狗更容易預測接下來的活動，從而減輕壓力。

用時間和愛心
慢慢建立起彼此之
間的羈絆吧。

解讀常見的狗狗行爲！5

常見行爲⑨

大便前在原地轉圈

在排泄前確認安全

對狗狗來說，排泄的時候是最毫無防備的狀態。所以，牠們會透過繞圈來判斷這個地方是否安全。另外，繞圈的行為也可能是為了檢查地面的狀況，整理成更適合排泄的狀態。尤其是在草地或泥土地面上時，狗狗會用這種方式來排除蟲子和其他讓牠們感到不舒服的東西。

有可能是受到聲音頻率影響或發洩壓力

除了樂器之外，也有狗狗會跟著救護車的鳴笛聲嚎叫。樂器或鳴笛聲的音頻和音量可能會讓狗狗產生不適。此外，在群體中，當其他狗狗開始嚎叫時，牠們也會跟著一起嚎叫（社會助長），吠叫亦是一種溝通方式。另一方面，嚎叫也可能是為了發洩壓力，所以要多多觀察牠們嚎叫前後的狀態。

常見行爲⑩

隨著樂器聲嚎叫

第 6 章

焦慮和壓力
困擾

本章將介紹狗狗常見的不安行為，並提供解決方案，
例如抗拒去醫院、不喜歡看家、
對陌生環境感到害怕等。

＼問題行為／

行為
在不熟悉的地方會僵住不動，不肯離開飼主

發生時期
開始帶牠外出以後，一直如此

case 18

只要到陌生環境就會僵住不動

和狗狗一起生活後想和牠四處旅行！
在開始養狗之前就一直有這個念頭。
陶醉
在自然公園優雅地散步
帶著狗狗去旅行
在狗狗咖啡廳享受下午茶

DATA

米克斯
（馬爾濟斯×貴賓犬）
母・2歲
（已絕育）

●同住家人：本人（39）
●同住動物：倉鼠
●過去病史：無
●居住環境：公寓（室內飼養）
●看家時間：平日5～6小時
●散步時間：傍晚20分鐘（假日經常帶狗狗出門）

希望牠能交到很多朋友
好多小可愛
我曾經也這麼夢想過…
呵
但我們家的凜花不管去哪裡都會僵著不動！
寵物公園
不動
寵物友善商場
不動
完全體會不到狗狗咖啡廳的樂趣
僵硬

花了1小時去自然公園，牠卻一動也不動的時候，真的滿悲傷的。
我們去散步嘛…
不動
在說什麼事呢?
再這樣下去，和凜花一起旅行只是痴人說夢…
哎唷，不要那麼悲觀嘛。
都說狗狗的個性一部分是天生的，一部分是由成長環境決定的。
但如果飼主改變互動方式，讓牠不斷學習，也是能克服不擅長的事喔。

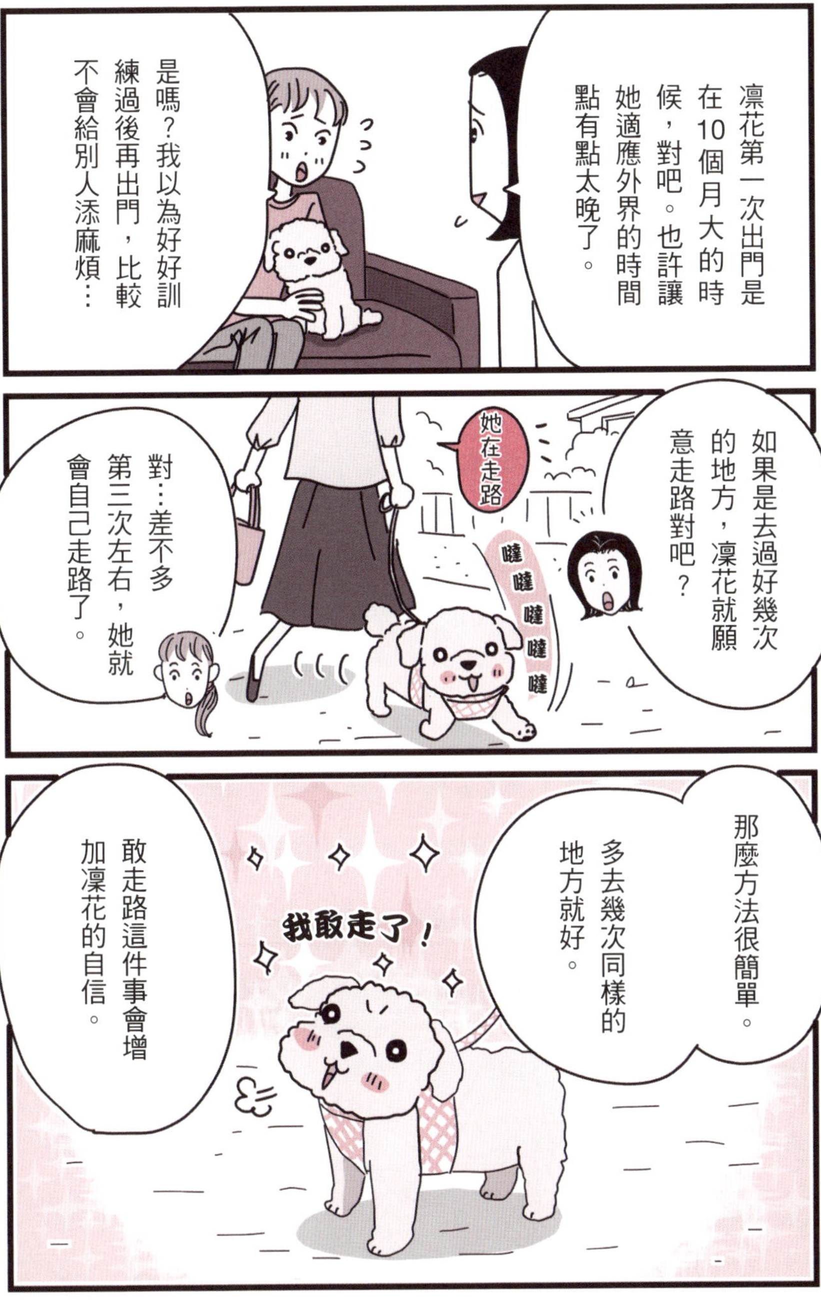
凜花第一次出門是在10個月大的時候，對吧。也許讓她適應外界的時間點有點太晚了。
是嗎？我以為好好訓練過後再出門，比較不會給別人添麻煩…
如果是去過好幾次的地方，凜花就願意走路對吧？
她在走路
噠噠噠噠噠
對…差不多第三次左右，她就會自己走路了。
那麼方法很簡單。多去幾次同樣的地方就好。
我敢走了！
敢走路這件事會增加凜花的自信。

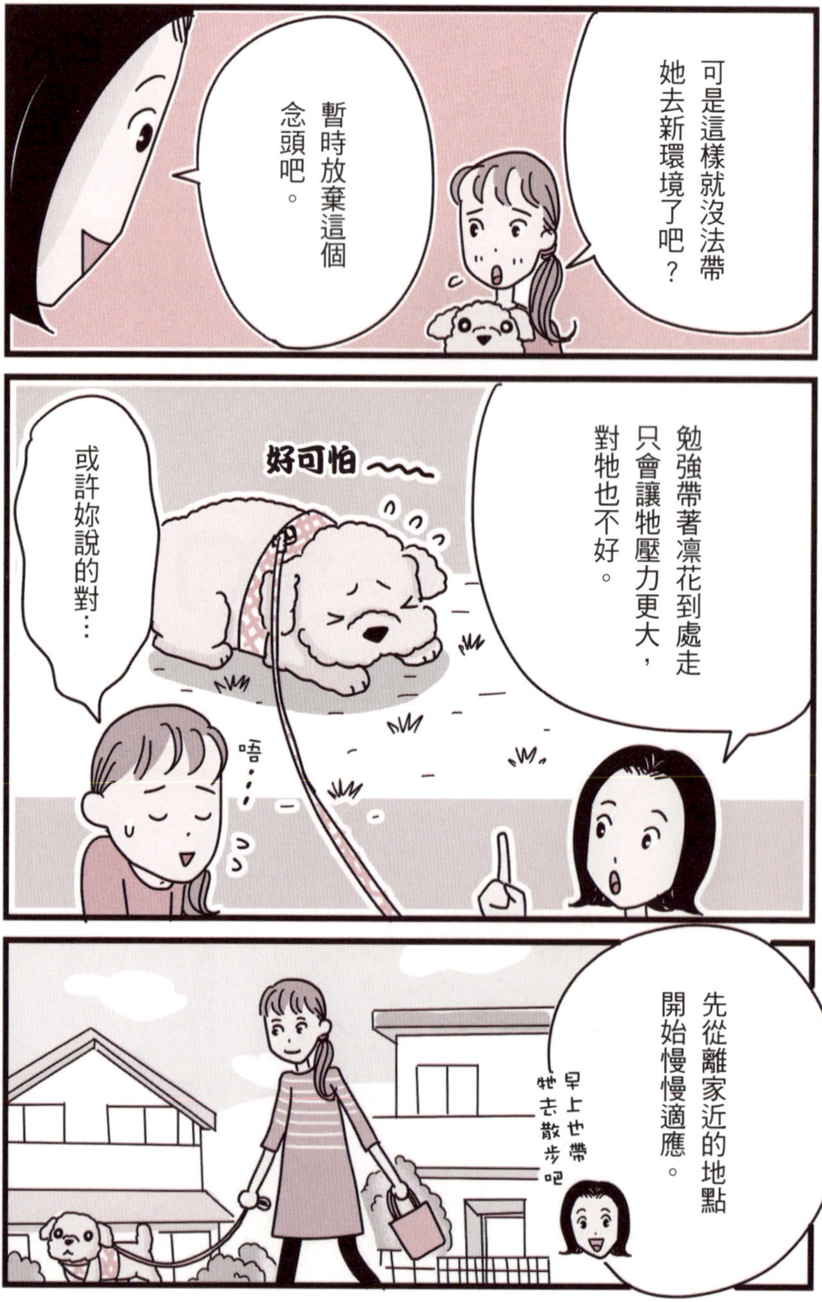
可是這樣就沒法帶她去新環境了吧？
暫時放棄這個念頭吧。
勉強帶著凜花到處走，只會讓牠壓力更大，對牠也不好。
好可怕～
唔…
或許妳說的對…
先從離家近的地點開始慢慢適應。
早上也帶牠去散步吧

在目的地給牠好吃的零食或製造一些互動也是不錯的主意。
放鬆～
公園好舒服～
飼主保持放鬆的氛圍也很重要哦。
狗狗是能感受到的
放鬆～
原來如此，我以前總是會對牠說「你怎麼不走!?」
對不起…
或許就是那樣，可能造成了牠更多壓力也說不定。

想讓牠習慣出門並不是壞事。
為了避免這種情況
我不要出門—
請以適合牠的方式繼續試試看吧。
好的！
?
1個月
最近出門都很開心呢。
我現在常帶牠去家附近的公園。
凜花也慢慢開始願意走路了！

每次去新的公園時，我會餵牠吃零食，然後就回家了。這樣重複了好幾次。
牠就很快習慣了
來
老實說，我還是沒有放棄帶凜花去旅行的想法…
但我會配合凜花的步調的。
我覺得這樣很好。
媽媽在聊什麼～？

去同個地方一遍又一遍 直到習慣爲止

case 18

在狗狗社會化期間讓牠體驗不同事物能幫助牠更容易適應

狗狗是群居動物，但有些狗狗會在陌生人面前僵住不動，或是在新環境中動彈不得。狗狗會有什麼反應，據說與生俱來的個性（先天）和成長環境與經歷（後天）各占一半影響。

在成長環境中，**「社會化期間（出生後3～16週）經歷過什麼」是最重要的一點，這會對之後的成長過程持續產生影響。**在社會化期間遇見各種人、狗狗、其他動物，出門去新環境，經歷各種聲音和刺激，這些都會幫助狗狗在成年後更容易接受新事物。

狗狗對外界的反應也會因為品種和體型大小而有所差異，特別是警戒心強的小型犬，往往會對新環境或人事物

警戒心強的犬種

- 吉娃娃
- 臘腸犬
- 約克夏㹴
- 馬爾濟斯
- 迷你雪納瑞
- 貴賓犬

…等等

見到其他狗狗朋友會感到開心的，搞不好只有飼主而已。

保持戒備。我們沒有必要勉強帶抗拒的狗狗去旅行或人多的地方。但完全不出門也會很傷腦筋，所以有必要讓牠們學會在外面也能保持冷靜。

活潑外向的飼主常犯的錯誤是，直接把狗狗帶到熱鬧的地方，讓牠們接觸到許多人和狗狗。這對膽小的狗狗來說可能會造成心理創傷，讓牠們更討厭外出。一開始應該先從人潮和車流量少的安靜地點開始，停留時間也要短一些。等牠們適應後，再慢慢拉長外出的時間。

膽小的狗狗初次外出的地點…

OK 的地點

- ☑ 人或狗狗較少的地方
- ☑ 從家走路就能到的地方
- ☑ 自然環境豐富且寧靜的地方

理想的情況是在附近人少的公園裡，依照狗狗的步調悠閒散步。

NG 的地點

- ☑ 人多、狗狗多、車流量大的地方
- ☑ 需要開車或搭乘大眾運輸工具才會到的遠方
- ☑ 吵雜的人造空間環境

常見的錯誤是第一次出門就帶狗狗去參加聚會（同犬種的聚會）等等。這是初次外出時最不合適的選擇。

Next

case 18

飼主的態度可能影響狗狗，導致牠更不願意走動

如果狗狗在陌生環境容易感到緊張，那可以重複去同一個地方。多次造訪可以減輕狗狗對那個環境的不安。另外，給牠最愛的零食或玩具，製造一些開心愉快的經驗，會讓狗狗把地點和正面的記憶連結起來，進而減少牠的抗拒感。

飼主營造的氛圍也是很重要的。如果狗狗的反應不如預期，飼主往往會表現出失望的情緒。有些人甚至會給狗狗施加壓力，問牠「你為什麼不走？」狗狗對這種負面的氛圍很敏感，進而會感到更大的壓力。結果造成牠變得更加不願意動。

另外，飼主一直保持沉默也會讓狗狗感到不安。沒有交談＝沒有呼吸聲，這會讓狗狗想起狩獵時的緊張感。獸

如果狗狗不願意
就不用強迫牠
跟其他狗狗玩耍。

醫在看診時一直和動物說話，也是為了避免動物產生不必要的緊張感。

飼主應該要保持放鬆愉快的氛圍。當狗狗自發地走路時，要大力地誇獎牠。

忽視其他狗狗的態度並沒有問題

當其他狗狗靠近時，若自家狗狗未吠叫或低吼，而是選擇無視的話，這其實是「不打算搭理對方」的信號。這是精神上較為成熟的狗狗的行為，無需擔心「愛犬對其他狗沒有興趣」。

不過，如果希望自家狗狗能和其他狗狗友好相處的話，可以嘗試下方建議。但有些狗狗就是不喜歡與其他狗狗接觸，如果牠們表現出抗拒，請不要強迫牠們。

想讓愛犬和其他狗狗一起玩的話…

- ☑ 帶牠去寵物公園、狗狗教養課程等增加與其他狗狗接觸的機會。
- ☑ 當牠主動接近其他狗狗時，給予誇獎或獎勵，讓牠感受到愉快的氛圍。
- ☑ 相同品種、體型和年齡相近的狗狗比較容易相處，盡量選擇這樣的狗狗作為互動對象（要先徵得對方飼主的同意）。

case 19

害怕去動物醫院，在候診室一直發抖

\ 問題行為 /

行為
超討厭去動物醫院，帶牠去看醫生很辛苦

發生時期
1歲左右開始

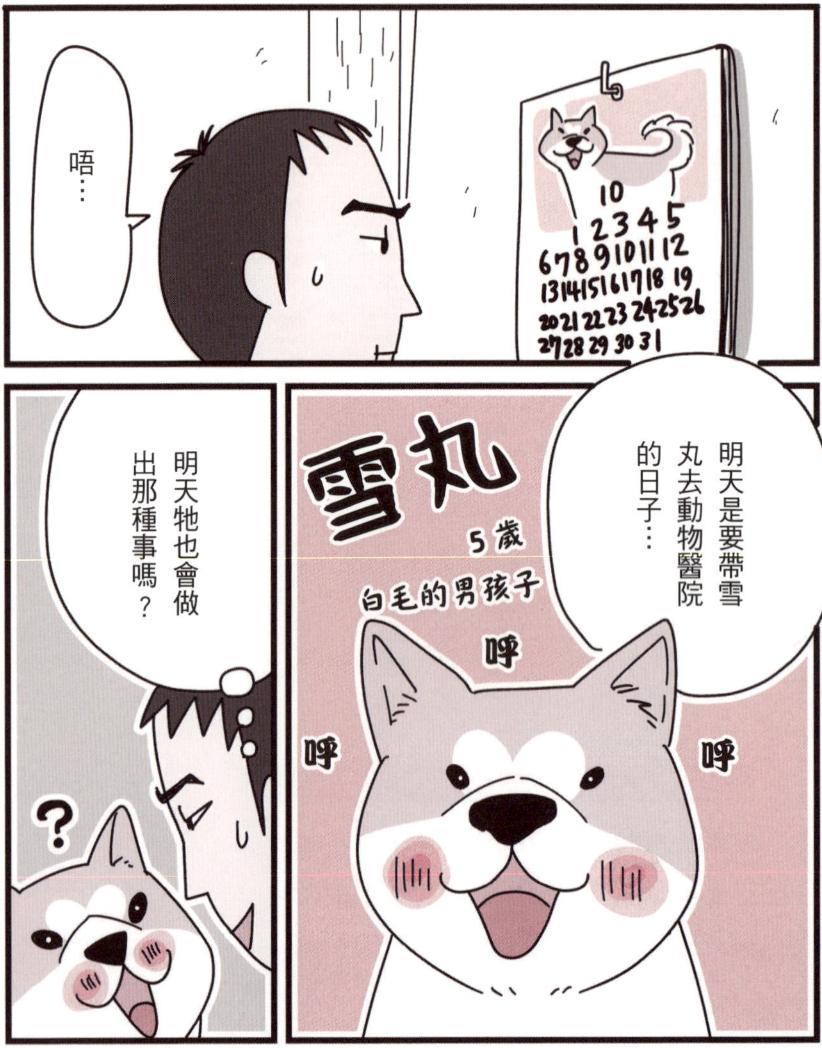
唔…
明天是要帶雪丸去動物醫院的日子…
雪丸
5歲
白毛的男孩子
呼
呼
呼
明天牠也會做出那種事嗎？
?

DATA

秋田犬
公・5歲
（已絕育）

●同住家人：本人（37）、妻子（33）、長男（4）
●同住動物：金魚
●過去病史：無
●居住環境：獨棟住宅（晚上在室內，白天在木製露台上度過）
●看家時間：平日約5小時
●散步時間：早上30分鐘，晚上40分鐘左右

那種事
唔唔唔…
雪丸，沒事的啦！很快就會結束了！
上次也是兩個人合力才把他塞進車子裡。
嗚啊——!!

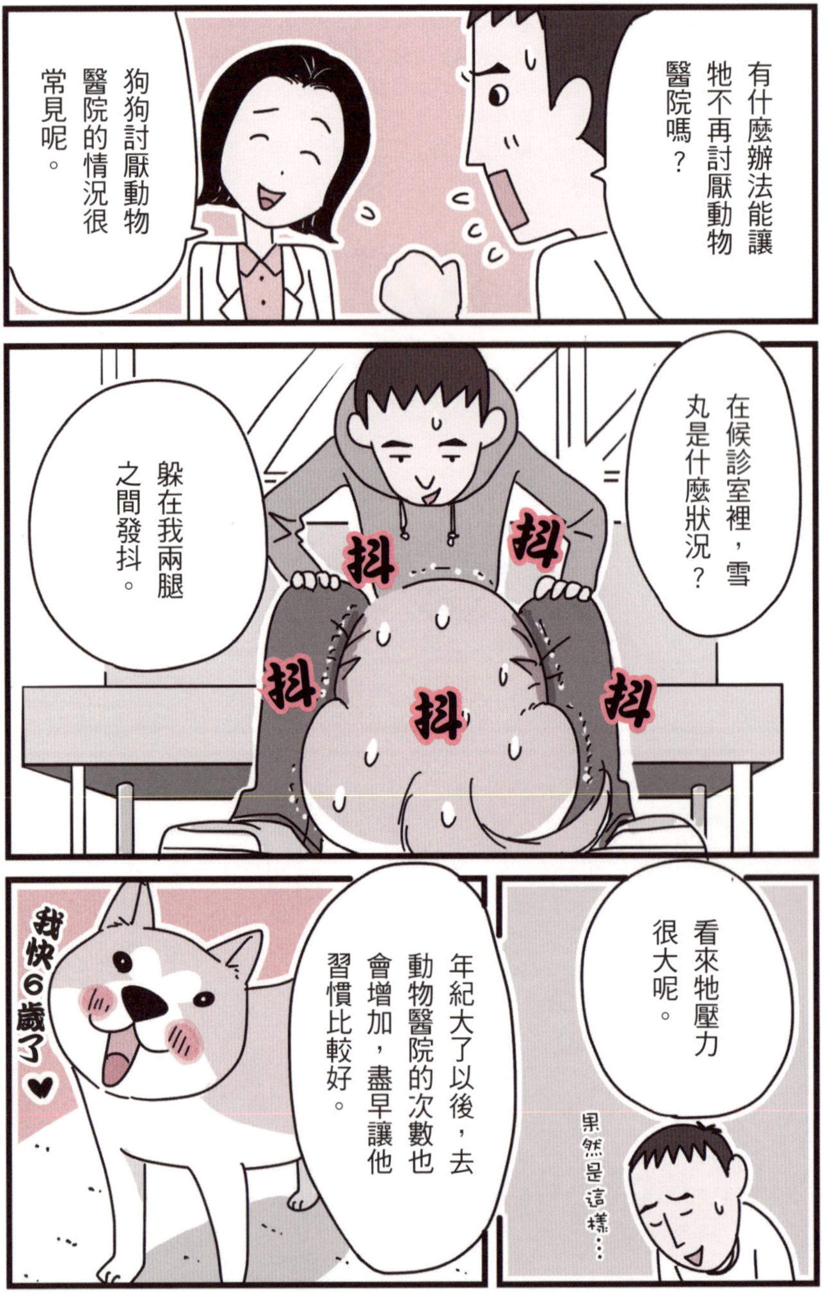
有什麼辦法能讓牠不再討厭動物醫院嗎？
狗狗討厭動物醫院的情況很常見呢。
在候診室裡，雪丸是什麼狀況？
躲在我兩腿之間發抖。
抖
抖
抖
抖
抖
看來牠壓力很大呢。
果然是這樣…
年紀大了以後，去動物醫院的次數也會增加，盡早讓他習慣比較好。
我快6歲了♥

現在的雪丸認為動物醫院＝可怕。
動物醫院
痛
等於
可怕
用正面的經驗來改寫牠害怕的記憶吧。
要怎麼做呢？
因為去動物醫院的次數不多，所以狗會把動物醫院當作不存在於日常生活中的可怕場所。
動物醫院
這這這這這裡是……
動物醫院
可以在散步時經過或者增加去的次數。
物醫院
嗯？
物院

一開始只在動物醫院的空地裡玩耍或餵零食也可以。
動物醫院
要注意安全哦
原來如此
習慣了醫院附近的環境後，下一步就是在候診室裡吃完零食就馬上回家。
也可以讓護理師或獸醫餵零食和輕聲安撫。
雪丸你好呀
嘿嘿

這麼一來，牠應該就會記住動物醫院不只是個可怕的地方。
其實醫院還滿好玩的？
停留時間要短！
重要的是，在雪丸開始發抖之前就帶牠回家。
最終目標是在診察室裡也不會發抖。
不要著急，一步一步慢慢來吧。
從明天起，我就把動物醫院加進散步的路線！

讓狗狗記住在動物醫院會有好事發生

case 19

連結愉快的經驗，減少狗狗對動物醫院的反感

許多狗狗對動物醫院抱有負面的感覺。有些狗狗在幼犬時期還好，但隨著長大後會變得討厭去醫院。也有一些狗狗在做完絕育手術後開始討厭動物醫院。

為了守護狗狗的健康，動物醫院的存在是不可或缺的。但如果每次去動物醫院都只會感到厭惡和恐懼並造成強烈的壓力，這就本末倒置了。飼主應該盡量緩解狗狗的就診壓力。

飼主常犯的錯誤是強行把狗狗帶到動物醫院。例如，在狗狗察覺到要去醫院的情況下，強行把抵抗的狗狗塞進車子或外出籠裡，拽著牽繩把畏縮的狗狗拉進候診室等等，這些行為都會加劇狗狗對醫院的厭惡和恐懼。作為對

不要讓醫院變成特殊事件，而是當作日常中的一部分。

策，可以一步一步用正面的記憶來覆蓋狗狗對動物醫院的負面記憶。就像漫畫中提到的一樣，透過「在動物醫院吃完零食就回家」、「得到櫃檯人員的親切對待後回家」的經驗，讓狗狗逐漸記住「在動物醫院會有好事發生」。帶上狗狗喜歡的零食，讓醫院的工作人員餵牠吃也很有效。一開始停留時間不宜太長，在狗狗發抖之前就要回家。然後再慢慢拉長停留時間。突然面對看診這種強烈刺激，可能會讓狗狗覺得「果然還是很恐怖」而退縮。

非常討厭動物醫院的狗狗，有時候甚至連接近醫院都很抗拒。可以運用零食和玩具，讓牠們一點一點走近醫院。當狗狗願意往前走時，別忘了要誇獎牠。

無需進入醫院，可先在醫院周圍或附近公園玩耍，讓牠們習慣「去動物醫院」這個行為。每天散步時多經過醫院，增加路過次數，這樣「去動物醫院」就會是日常生活中的一環，恐懼感也會減少。

\ 問題行為 /

行為
偶爾讓牠看家就吠個不停

發生時期
從小開始就一直這樣

case 20

討厭獨自在家，不停地吠叫

我們家有一隻吉娃娃叫可蘿。
有點害羞，不太喜歡外面。
抖
抖
抖
……
是個很喜歡和家人待在一起的孩子。

DATA

吉娃娃
母・7歲
（已絕育）

- 同住家人：本人（43）、丈夫（48）、長男（18）、長女（15）、媽媽（76）
- 同住動物：無
- 過去病史：無
- 居住環境：獨棟住宅（室內飼養）
- 看家時間：每月幾次，半天左右（通常是母親去看診時）
- 散步時間：偶爾去偶爾不去（狗狗不喜歡散步）

可蘿有個問題讓我們很傷腦筋……
汪
汪
汪
抱歉啦
可能是因為總是和家人在一起，所以牠很不喜歡獨處。
鄰居說牠在看家期間一直在吠。
牠叫得可厲害了——
不好意思!!
垃圾

以前基本上都會有人在家。
汪
汪
最近我需要陪媽媽去看診，可蘿看家的時間就變多了。
現在開始訓練牠習慣看家還來得及嗎？
原來如此。
根據妳說的內容，可蘿可能有分離焦慮症。
待在我身邊…
分離焦慮的狗狗會有以下行為。
一直吠叫
一直發抖
食欲不振
隨地大小便
破壞家具
不停舔自己
過度啃咬自己的腳
…等等
衝擊

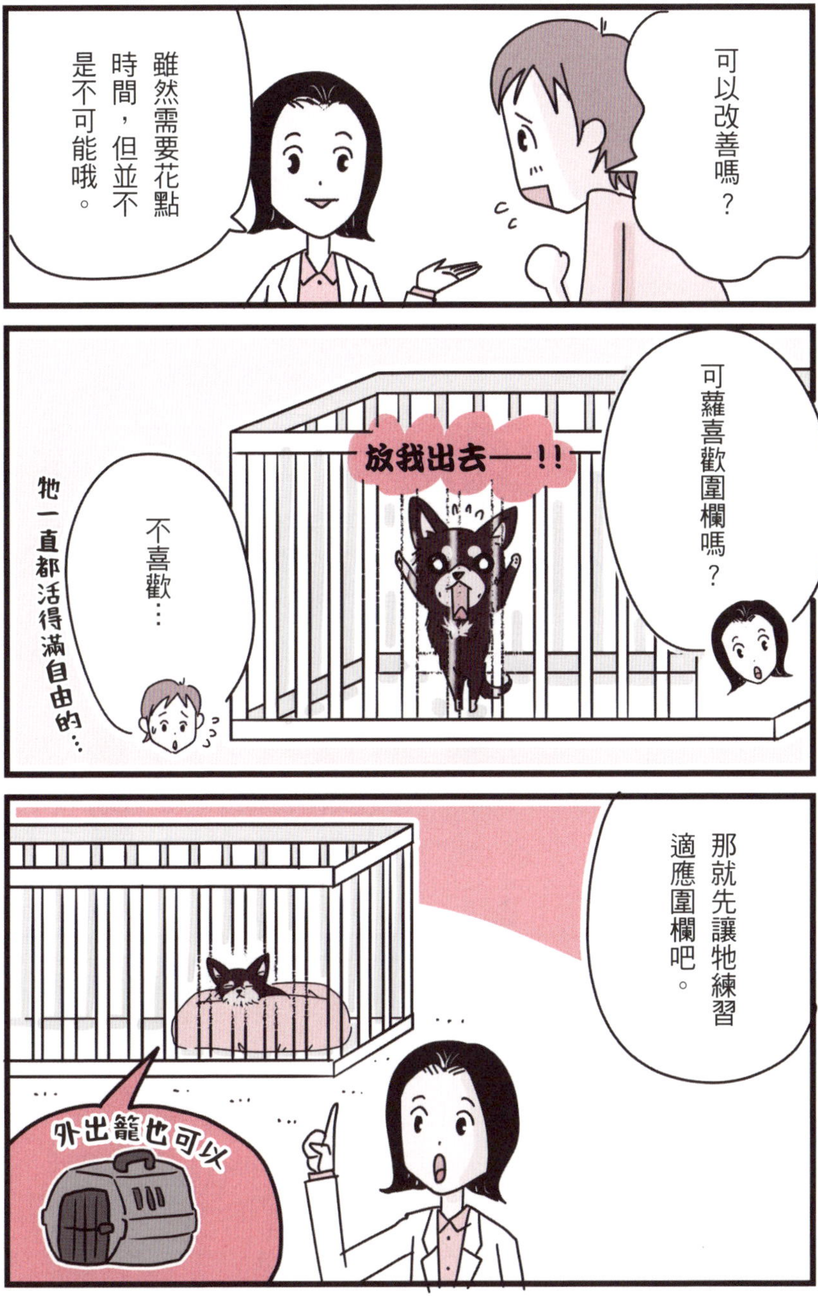
可以改善嗎？
雖然需要花點時間，但並不是不可能哦。
可蘿喜歡圍欄嗎？
放我出去——!!
不喜歡⋯
牠一直都活得滿自由的⋯
那就先讓牠練習適應圍欄吧。
外出籠也可以

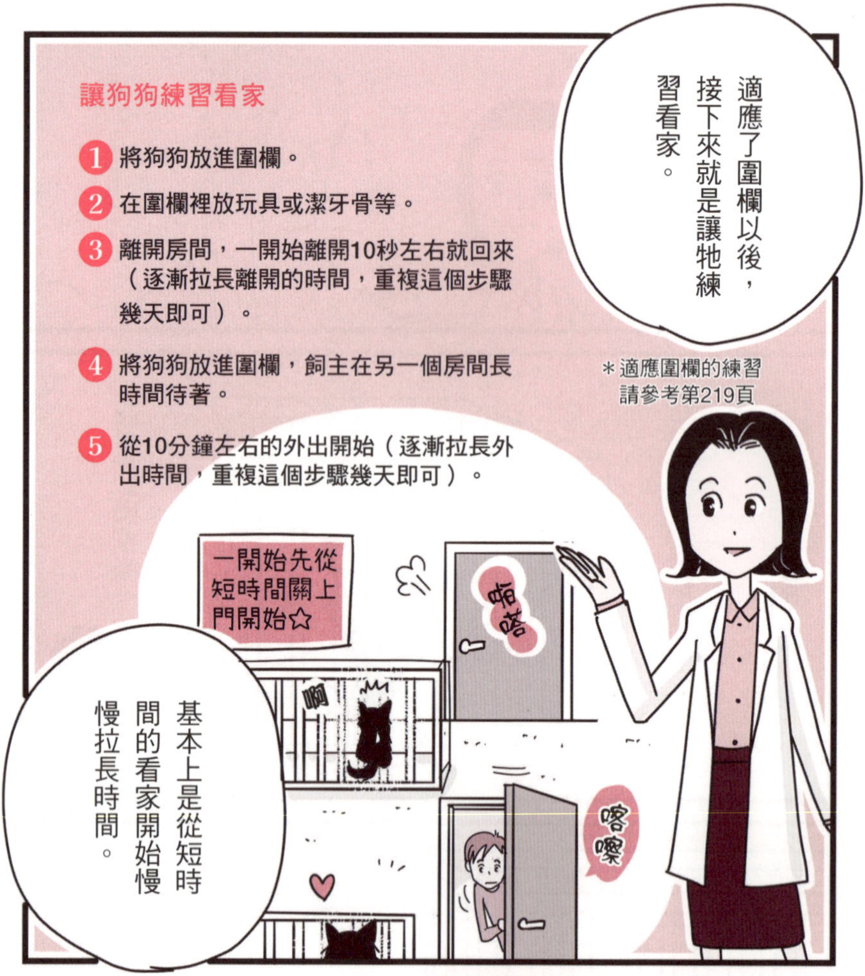
適應了圍欄以後，接下來就是讓牠練習看家。
＊適應圍欄的練習請參考第219頁
讓狗狗練習看家
1 將狗狗放進圍欄。
2 在圍欄裡放玩具或潔牙骨等。
3 離開房間，一開始離開10秒左右就回來（逐漸拉長離開的時間，重複這個步驟幾天即可）。
4 將狗狗放進圍欄，飼主在另一個房間長時間待著。
5 從10分鐘左右的外出開始（逐漸拉長外出時間，重複這個步驟幾天即可）。
一開始先從短時間關上門開始☆
啪嗒
啊
喀嚓
基本上是從短時間的看家開始慢慢拉長時間。

原來如此⋯
突然就讓牠看家半天，對牠來說確實太難了。

妳出門的時候會跟牠搭話嗎？
我要出門了哦。
汪
汪
安靜點哦。
會。
這種事也不要做哦。
咦，不可以嗎？
妳要走了!?
說話和揮手會讓狗狗更加不安。
當狗狗專心在咬潔牙骨的時候，悄悄地出門，回家時也要悄悄地！
悄悄地～
咬
咬
咬
不要讓牠覺得看家是特別的事情。

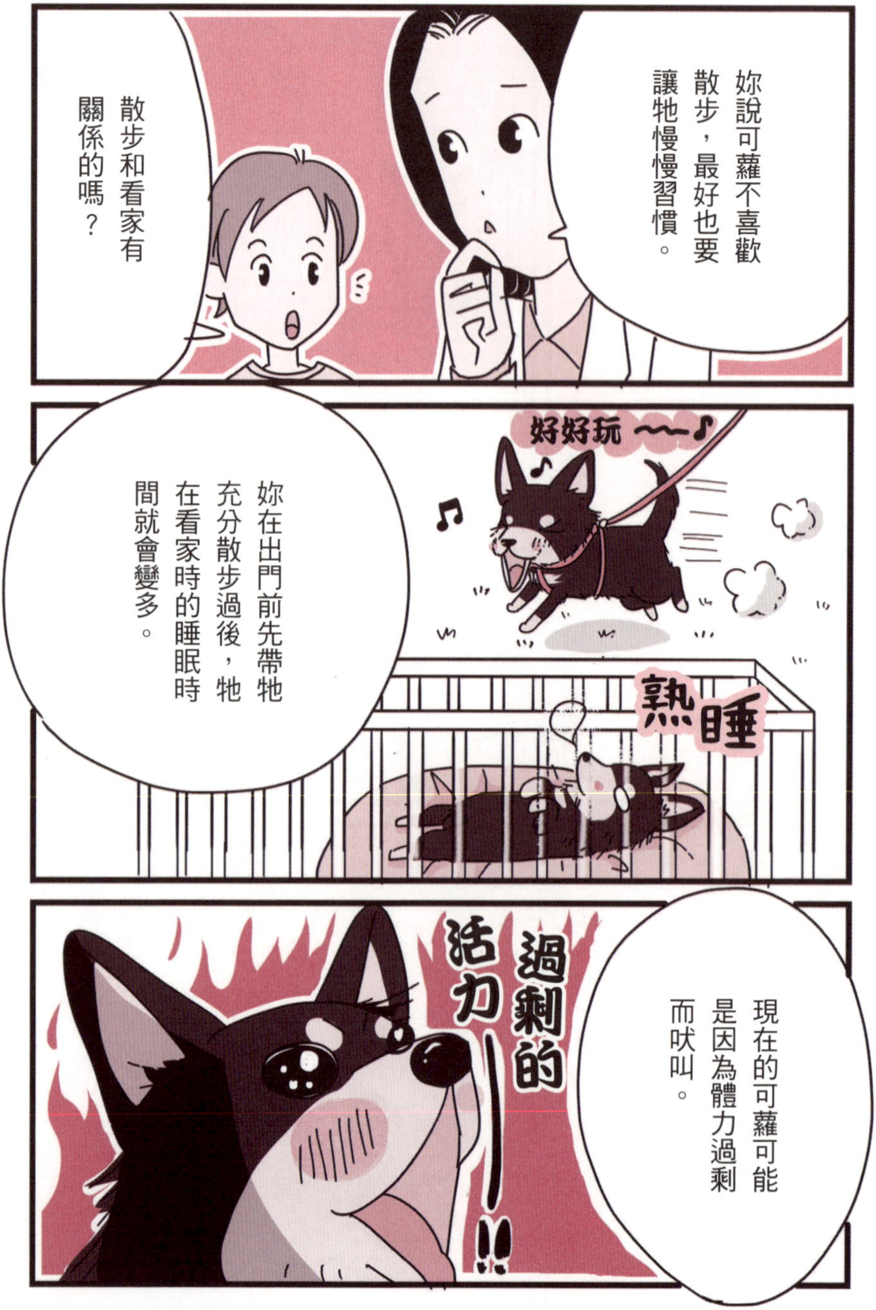

妳說可蘿不喜歡散步，最好也要讓牠慢慢習慣。
散步和看家有關係的嗎？
好好玩～～♪
熟睡
妳在出門前先帶牠充分散步過後，牠在看家時的睡眠時間就會變多。
現在的可蘿可能是因為體力過剩而吠叫。
過剩的活力——!!

給牠一些可以在看家時專心玩的玩具，也是不錯的方法。
滾動
可蘿在看家時會吠叫的情況已經有一段時間了，所以改善也會花費較多日子。
我不要一個人在家!!
如果牠在看家時無法停止顫抖或吠叫，可以諮詢動物醫院，
請獸醫開立適當的抗焦慮藥物。
我會記住的。

在狗狗練習看家前 先讓牠習慣外出籠

case 20

如果有一個可以安心的地方，狗狗看家會更容易適應

有些家庭不得不讓狗狗長時間看家。如果從飼養前就知道會經常讓狗狗看家的話，最好在一開始就進行訓練。

在練習看家之前，建議先練習適應外出籠。如果外出籠是個舒適的地方，把外出籠放進圍欄或籠子裡，會成為狗狗可以安心的地方。完成適應外出籠的訓練後，再練習適應圍欄或籠子。

不過，就像漫畫中的情況一樣，如果是在成犬後才開始訓練，有些狗狗不管怎麼樣就是很討厭外出籠。這種情況下，不要強行把狗狗關在外出籠裡，而是將牠喜歡的床放進圍欄或籠子裡。

除此之外，也建議讓狗狗在看家前充分散步和運動，

釋放體力，這樣牠在看家時會睡得更熟、更久。給牠一些藏食玩具或潔牙骨等可以專注玩的玩具也很有效。

一開始先從短時間的看家開始，再逐漸拉長時間，讓牠慢慢習慣。這種訓練即使在成犬後也可以進行，只是會比較需要時間。要有耐心地堅持下去。

狗狗的外出籠訓練

1. 用零食誘導狗狗進入外出籠。可以用「HOUSE」等指令。
2. 當狗狗在外出籠裡時，誇獎牠「很乖」並給予零食。
3. 當狗狗習慣外出籠後，關上門幾秒。
4. 逐漸拉長關門的時間。
5. 讓狗狗待在外出籠裡，帶牠去公園等好玩的地方（習慣後也可以去看診）。

如果平時就讓狗狗在外出籠裡吃飯或零食，可以幫助牠對外出籠產生正面的印象。

狗狗的圍欄／籠子訓練（完成外出籠訓練後）

1. 將外出籠放進圍欄或籠子中。
2. 當狗狗聽到「HOUSE」指令並進入外出籠時，要誇獎牠。
3. 給牠可以長時間啃咬的玩具或零食，並關上圍欄／籠子的門幾秒鐘。
4. 逐漸拉長關門的時間。

「圍欄」的上方是開放的，而「籠子」的四周和頂部都是封閉的。如果要讓狗狗看家，使用無法逃脫的籠子會更安心。

從動物行爲學看 狗狗圖鑑

由於是獵犬，所以愛叫的狗狗比較多；因為是牧羊犬，所以活動量大……在狗狗的行為治療中，了解該犬種固定的特徵也是很重要的。本圖鑑將從動物行為學的角度，依照不同類別介紹各種受歡迎的犬種。

工作犬

像是牧羊犬這類能與人類一起工作、執行任務的犬種。牠們聰明且獨立，需要適當的訓練。

迷你杜賓犬

在德國，這些小型犬曾用於捕捉老鼠等齧齒動物。牠們活潑、精力充沛且好奇心強，面對陌生的環境或狀況毫不畏懼。偶爾也會表現出固執的一面。

迷你雪納瑞

這個犬種過去在德國也曾作為齧齒動物的驅除犬。牠們活潑、獨立且忠誠。因為非常聰明，如果能進行適當的訓練，是一種很容易飼養的犬種。

喜樂蒂牧羊犬

英國蘇格蘭昔得蘭群島的牧羊犬。非常聰明，對各種環境和情況具有高度適應能力。對飼主很忠誠，但也有強烈的警覺性。

潘布魯克威爾斯柯基犬

來自英國威爾斯地區的牧羊犬，個性活潑開朗。牠們具有很強的觀察力和學習能力，所以容易訓練。不過，牠們有時主見也會很強。

米克斯的情況

米克斯是隨機繼承父母犬種的個性和特徵。所以，父母犬種的特徵不一定會完全體現在米克斯身上，個性也不一定會是父母犬種的平均值。然而，如果父母犬種具有共同的特徵，這些特徵會比較容易體現在米克斯身上（如父母犬種都非常忠誠等等）。但環境因素和個體差異也很大，同一對父母生的兄弟姐妹的個性有天壤之別也是常見的事。

獵犬

這些犬種曾作為獵犬活躍，負責追蹤獵物、叼回獵物等。
這類犬種大多都很有耐心，對人類十分忠誠。

傑克羅素㹴

這些小型犬曾在英國作為獵狐犬或捕鼠犬，非常活潑且精力充沛。儘管是小型犬卻具有很強的體力和耐力，需要滿足牠們的運動需求。

義大利靈緹犬

從古羅馬時代起就存在的獵犬。牠們是追逐獵物的獵犬，擁有敏捷的身手、強大的腿部力量和卓越的視力，即使在今天，仍有許多狗狗可以對周圍的變化做出敏銳的反應。

黃金獵犬

這些犬種曾在英國蘇格蘭作為獵鳥犬活躍著。牠們具有在水邊活動和用嘴巴叼運物品的能力。這類犬種多數活潑、精力充沛且親近人。

拉布拉多犬

原產於加拿大紐芬蘭島，在英國發展成為獵鳥犬。因為牠們很有耐心且易於訓練，所以在現代也活躍於導盲犬、輔助犬等多種領域。

臘腸犬

在德國曾活躍於獵捕獾和兔子。長身短腿的體型非常適合鑽入洞穴。聰明、活潑且忠誠，但也容易出現吠叫問題。

米格魯

在英國曾經作為專門狩獵兔子和狐狸的獵犬犬種，具有出色的嗅覺和追蹤能力。牠們喜歡散步並傾向自由活動，所以需要控制。

寵物犬

與人類密切生活，並以受到寵愛為目的的犬種。牠們通常具有可愛的外表，對飼主和家庭成員有深厚的愛。

巴哥犬

自古代中國起便存在的犬種，深受王族喜愛的寵物犬。牠們擁有幽默的外表和溫和的性情，在世界各地廣受喜愛。牠們也有活潑、喜歡玩耍的一面。

玩具貴賓犬

原始品種（標準型）貴賓犬曾是水邊的工作犬，而玩具貴賓犬則是因其知性和可愛而受到歡迎的寵物犬。牠們聰明且適應能力強，擅長接受訓練。

吉娃娃

源自墨西哥的小型犬，19 世紀在美國得到了改良。儘管體型非常小，但牠們非常聰明、勇敢且獨立。牠們通常會特別依戀一位飼主。

騎士查理王獵犬

19 世紀作為查理士小獵犬的變種在英國發展起來。牠們友好且善於交際，幾乎沒有攻擊性或神經質的傾向，被認為很適合第一次養狗的人。

法國鬥牛犬

誕生於 19 世紀法國的犬種，深受勞工階級的喜愛。雖然身型小巧，但體格結實。善於交際、愛玩、個性強烈鮮明。

馬爾濟斯

在古代歐洲深受喜愛的犬種，牠們美麗的長毛很受歡迎，甚至出現在文藝復興時期的畫作中。牠們是友善、溫和、聰明的伴侶犬。

約克夏㹴

這些犬種在英國原本是為了捕鼠而誕生的，但因其美麗的外貌，後來成為了伴侶犬。牠們具有㹴犬勇敢、活潑、好奇心旺盛的個性。也有強烈的警覺性。

西施犬

源自西藏，在中國宮廷中被當作寵物狗飼養。特徵是有著「像菊花一樣」的容貌。牠們活潑好動、善於交際、性情溫和，但也有容易感到不安的一面。

蝴蝶犬

因為牠可愛的外表，在 16 世紀的法國受到上流社會的喜愛。牠們大多聰明且友好，很能理解人類的情感。同時，好奇心強且容易訓練。

原始犬

這些犬種起源於古代犬種，或是保留了與古代犬種相近的特徵。一般來說，牠們都很獨立，而且往往非常聰明。

柴犬

日本本土的原生犬，被列為國家天然紀念物。牠們勇敢且忠誠，但也具有獨立和強烈的警覺性。需要從小開始互動和訓練。

西伯利亞哈士奇

經過改良，牠們可以在西伯利亞嚴酷的環境中工作，獨立且身體強壯。牠們外向、活潑，對其他狗狗和人類都很友好，但訓練上需要耐心。

銀狐犬

日本原生犬種，由歐洲最古老的犬種狐狸犬改良而來。牠們活潑、聰明，對飼主忠誠。雖然個性開朗且善於社交，但同時也具有很強的獨立性和警戒心。

博美犬

歐洲最古老的犬種狐狸犬的縮小版。牠們非常聰明且活潑，對飼主有深厚的愛。觀察力和反應力很強，出於警戒心，有時會用吠叫來警告或威嚇。

超萌圖解 狗老大教養手冊

從吠叫、飲食習慣、散步到管教，隨心所欲養出快樂毛小孩！
狗狗行為學全解析，輕鬆讀懂狗狗的心情和行為

マンガ動物行動学 犬の気持ちとしぐさがよくわかる!

監　　修　茂木千惠
繪　　者　Higuchi Nichiho
譯　　者　林以庭
主　　編　林玟萱

總 編 輯　李映慧
執 行 長　陳旭華（steve@bookrep.com.tw）

出　　版　大牌出版／遠足文化事業股份有限公司
發　　行　遠足文化事業股份有限公司（讀書共和國出版集團）
地　　址　23141新北市新店區民權路108-2號9樓
電　　話　+886-2-2218-1417
郵撥帳號　19504465遠足文化事業股份有限公司

封面設計　FE設計 葉馥儀
印　　製　中原造像股份有限公司
法律顧問　華洋法律事務所 蘇文生律師

定　　價　390元
初　　版　2025年5月

電子書E-ISBN
9786267600726（EPUB）
9786267600733（PDF）

國家圖書館出版品預行編目（CIP）資料

超萌圖解 狗老大教養手冊／茂木千惠 監修；Higuchi Nichiho 繪；林以庭 譯．-- 初版．
-- 新北市：大牌出版，遠足文化發行，2025.05
224 面；14.8×21 公分
譯自：マンガ動物行動学 犬の気持ちとしぐさがよくわかる！

ISBN 978-626-7600-74-0（平裝）
1. 犬 2. 寵物飼養 3. 動物行為

437.354　　114004958